材料表征原理与应用

李 娟 编著

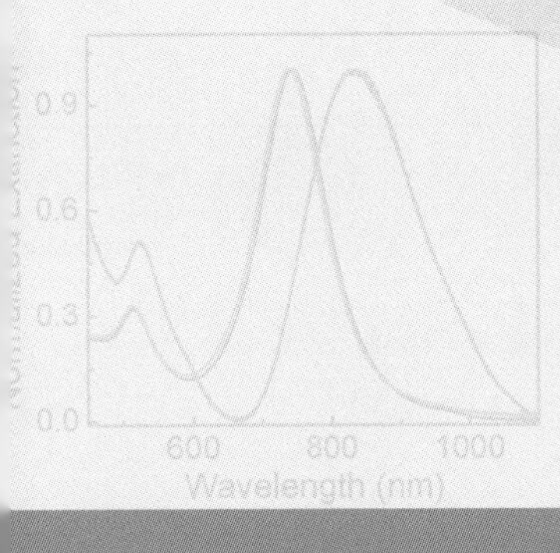

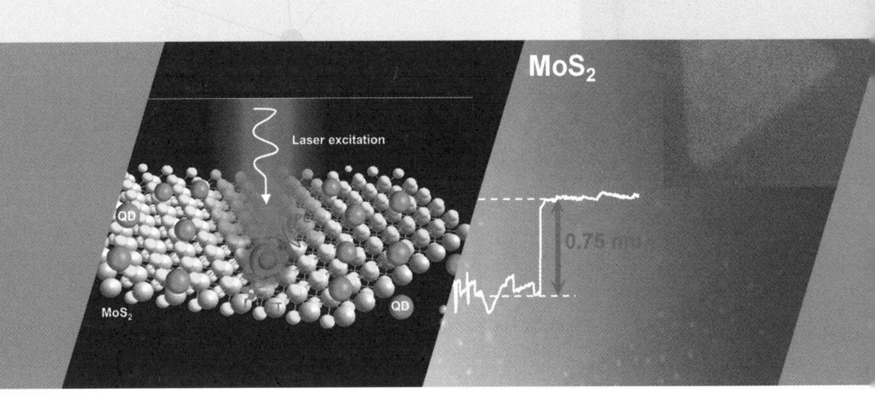

中国·广州

图书在版编目（CIP）数据

材料表征原理与应用 / 李娟编著. -- 广州 : 暨南大学出版社, 2024. 10. -- ISBN 978-7-5668-3997-8

Ⅰ. TB3-34

中国国家版本馆 CIP 数据核字第 2024G8Y843 号

材料表征原理与应用

CAILIAO BIAOZHENG YUANLI YU YINGYONG

编著者：李　娟

出 版 人： 阳　翼
责任编辑： 曾鑫华　彭琳惠
责任校对： 刘舜怡　许碧雅
责任印制： 周一丹　郑玉婷

出版发行： 暨南大学出版社（511434）
电　　话： 总编室（8620）31105261
营销部（8620）37331682　37331689
传　　真：（8620）31105289（办公室）　37331684（营销部）
网　　址： http：//www. jnupress. com
排　　版： 广州市新晨文化发展有限公司
印　　刷： 广东信源文化科技有限公司
开　　本： 787mm × 1092mm　1/16
印　　张： 9. 25
字　　数： 210 千
版　　次： 2024 年 10 月第 1 版
印　　次： 2024 年 10 月第 1 次
定　　价： 39. 80 元

前　言

科学研究存在四大范式、五大方法。其中，实验是四大范式的基础。我们依靠实验了解物质性质、验证规律、证明猜想。科学实验的六个关键环节是定义问题、提出假设、设计实验、观察对象、验证假设、得出结论。

我们通常的思维往往是灵机一动，靠好奇心驱动，然后通过简单的试探反馈验证一下想法，例如“碰一下（压力反应）/烧一下（温度反应）/光照一下（光照反应）/浇点水（物质作用）会怎么样”“是不是这样”“会不会怎样”“有什么变化”“有什么反应”等。这其实就是实验范式的雏形。科学发展史上，我们通过这种简单直觉的方法概括了许多科学知识，例如关于“这是什么”这个问题的物质分类知识；关于“会怎么样”这个问题的“物理变化”“化学变化”的朴素概念；“光电效应”“压电效应”等现象的命名。这些知识经由好奇产生、经由实验确认，累积形成我们今天的各种学科知识，在本科阶段供大家学习。

今天的科学研究比上述简单的实验反馈要复杂得多。研究生在科研入门之时，就必须科学化、系统化地训练这种朴素的实验思想，形成严格的科学范式。灵感往往不足以支持课题的建立，必须把灵机一动转变成具体的“问题”。问题越具体，实验越好做，研究就越扎实。这个“灵机一动”的想法，就必须具体而严格地形成“定义问题，提出假设”的环节——明确所开展实验的目的（验证某个猜想、测量某个参数、排除某种因素等）。

如何恰当地提出“问题”是科学实验的关键。“提出问题”的本质，就是把研究者一瞬间的无知和困惑，不知道的、怀疑的、不清楚的地方，清晰地用语言或图像表达在脑海里——这就是所谓“科学的直觉”。这个直觉可能是对的，也可能是错的，具体需要用实验结果来验证。刚入门的研究生应当特别注意训练这种科学的直觉。这种直觉不是凭空产生的，而是在学习了大量知识、了解充分的信息之后自然形成的好奇心。因此，开展实验之前，深入地了解相关物性信息、开展相应的学习是必不可少的。

在早期的科学研究发展史上，实验是如此简单。比如，陶瓷釉彩的烧制，烧制前后的颜色变化就是一种简单的实验验证。研究者如实记录何等条件下什么黏土可以烧成什么色彩就可以了。但随着好奇心的深入，从“是什么颜色”到“为什么是这个颜色”，猜测逐渐变得复杂，需要的实验也不再是添柴开炉这么简单了，而是需要缜密的实验设计，用最省事、最有力、最少争议的方法排除或验证。

以至从“为什么是这个颜色”到“还有没有类似的变色物质”，再到“到底什么是颜色”的变化，简单几步思索，就已经涵盖了物质科学、电磁学、量子力学，不是一个人一辈子可以完成的。实际上，就这几步简单的、人人都有的思索，历时一千多年，让无数科学家绞尽脑汁，直到量子力学的建立，才能模糊地回答。可见，好奇心是世界上最神圣、最值得珍视的东西之一。我们今天能够在学习前人科学探索结果的基础上，继续提出疑问，开展验证，本身就是一件快乐的事情。这从另外的角度也启示刚入门的研究生，课题一定要具体、要合适、要脚踏实地，不能好高骛远。

我们有了具体的好奇心，也找到恰当的验证方法，得到了数据结果，完善地表达数据也是得到结论前非常重要的一步。物体客观性质本身，具备一定的数学规律或形式，例如自然指数衰减、部分线性等。我们要做的就是把实验数据里面的规律尽可能地拆解表达出来，这就是作图。根据这些结果，我们验证猜想，回答或者说明问题，然后整理发表工作，回答大家的提问。至此，一个科学实验才算真正完成。

本书的目的，一方面在于帮助研究生深入了解各种材料分析与表征技术，学会相应的分析测试仪器的操作方法，能够正确分析材料结构与性能之间的关系；另一方面使他们能够针对具体问题设计相应的实验测试方案，合理分析实验结果，为其开展具体的科研工作做好知识储备和演练。

本书将深入浅出地介绍材料表面形貌、结构成分、光谱等测试表征的基本原理、仪器结构与功能、分析方法，并以长期科研教学实践中实际运用材料分析技术的论文为案例，使学生学会如何设计实验证明猜测或主张，如何根据实验目的选取恰当的表征分析手段以及如何根据数据进行正确美观的论文作图。本书内容主要包括材料表征分析范式和方法、材料的表面形貌分析、材料的结构成分分析、材料的光谱响应分析等测试表征技术，共四章，采取“基本原理 + 仪器使用 + 数据分析 + 论文实例”的结构展开具体章节。本书聚焦研究生入门阶段最常用的表征分析技术，包括光学、电子、原子力等表面形貌显微分析，X 射线衍射、光电子能谱，紫外—可见吸收光谱，红外、拉曼、荧光光谱等测试方法及应用实例。

本书面向科研入门阶段的研究生新生，不追求囊括材料表征技术的讲解，而是立足于学生对材料表征感性认知不足的普遍实际，汇总收集了课题组各位老师的重要心得体会和科研案例，侧重于实例讲解和实验设计思维、解决问题能力的培养。本书既可以作为一本材料表征技术的教材，也可作为研究生科研实践入门、数据分析、图表制作、论文写作的速查手册。

本书获暨南大学研究生教材建设项目资助（2022YJC014）。在编写过程中，暨南大学物理与光电工程学院纳米光子学研究院李宝军教授分享了许多提纲挈领的教学心得和科研见解。娄在祝教授为本书的许多细节提供了宝贵建议。同时，研究生陈姜毅、黄心怡、刘璐、黄兴武、卢长海、田德华在收集整理材料方面做了大量工作。我们也选用收录了很多研究者的优秀科研成果作为典型案例，在此谨对所有人员的倾力支持与帮助致以最诚挚的谢意！

由于编者水平有限，如有疏漏及不当之处恳请各位读者批评指正。

李　娟

2024 年 6 月

目 录

1 材料表征分析范式和方法

材料表征分析范式如图 1 - 1 所示。

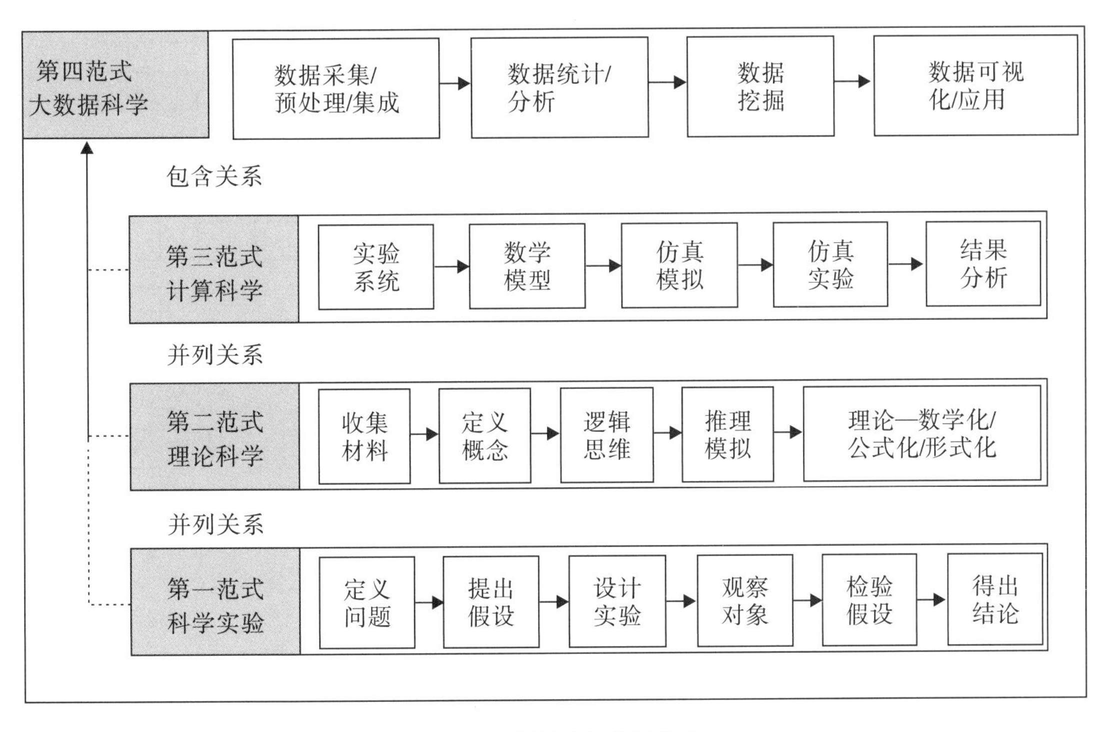

图 1 - 1　材料表征分析范式

材料表征分析方法如图 1－2 所示。

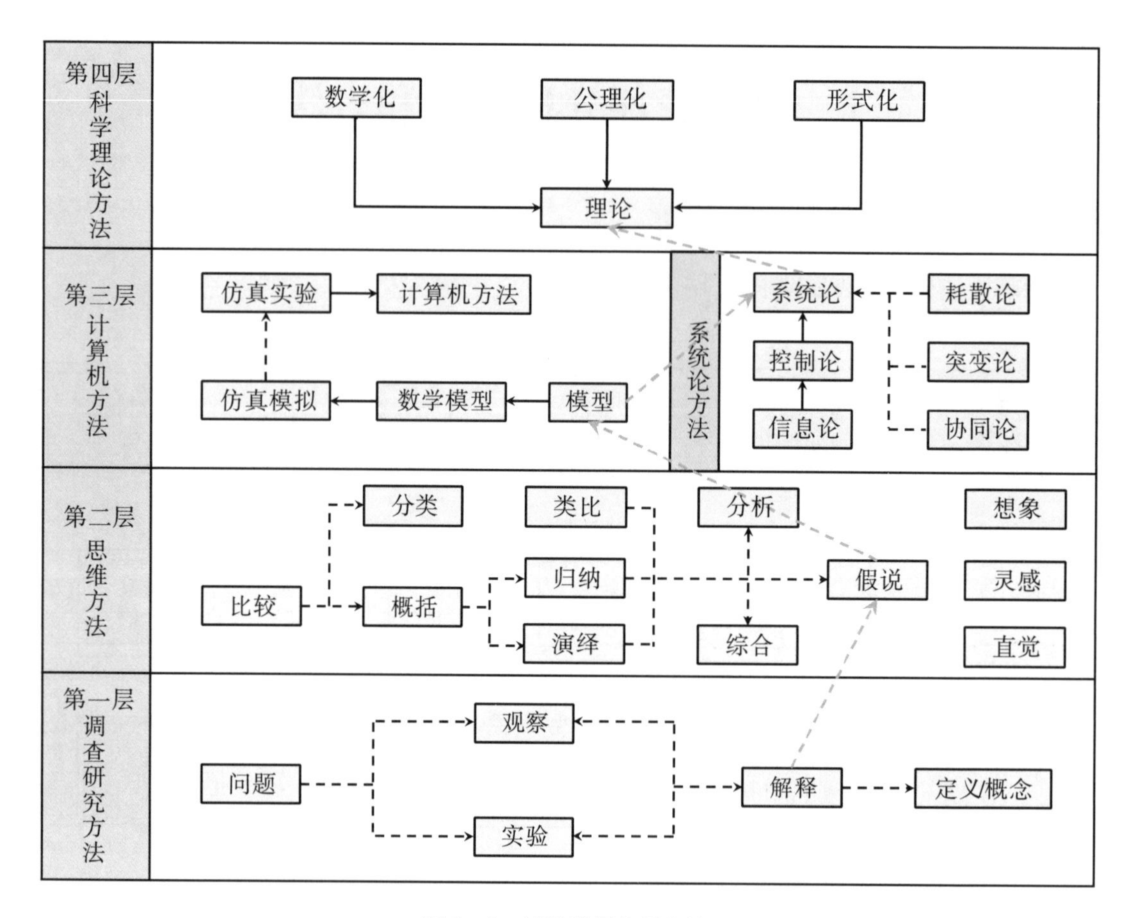

图 1－2 材料表征分析方法

1.1 如何获取材料的物性信息

我们在研究过程中时常会遇到不熟悉的物质材料，尤其对于刚入门的研究生，想要了解即将从事的课题中相关的材料性质，可以通过查阅数据库或学术网站查找相关的文献。

1.1.1 实验数据

（1）MatWeb 材料数据库（https：//www. matweb. com/）涵盖了金属、塑料、陶瓷等近两万种材料的物理性质、机械性质、热力学性质、电学性质等多种信息。

（2）无机晶体结构数据库（ICSD，https：//icsd. products. fiz－karlsruhe. de/）收录了实验表征无机晶体结构的化学式、晶胞参数、空间群等详细信息。

（3）有机材料数据库（ChemSpider，https：//www. chemspider. com/）提供了数百万种的化学结构式和多项检索服务。

（4）美国国家标准与技术研究院（NIST）数据库（https：//www. nist. gov/srd）涵盖了多种学科如分析化学、原子物理、化学和晶体结构等物性参数。

1.1.2 理论计算

（1）Materials Project（https：//www. materialsproject. org/）形成能、电子结构、压电性能数据库，包含理论计算和实验结构参数，支持开发燃料电池、光伏材料等。

（2）JARVIS-DFT（https：//jarvis. nist. gov/）密度泛函理论（DFT）对晶体结构性能预测包括形成能、能带带隙、介电常数等。

（3）AFLOW（http：//www. aflowlib. org）包括无机化合物、多元合金等几百万种材料结构和理论计算的结构性能数据，是数据量最大的数据库之一。

（4）Computational 2D Materials Database（https：//cmr. fysik. dtu. dk/c2db/c2db. html#c2db）包含了几千种二维材料结构，如 MXene、TMDC 等的热力学、电磁和光学性质。

（5）Atomly（https：//atomly. net/#/）包含了超过 20 万个无机晶体材料的 DFT 计算结果，涵盖晶体结构、电子能带、热力学、介电性质，方便功能材料、能源材料设计。

（6）催化数据库（https：//www. catalysis-hub. org/）涵盖了数千个理论计算表面体系的反应能和势垒，提供特定过渡态、活性图和机器学习模型的搜索服务。

1.1.3 查阅文献

（1）中国知网（CNKI，https：//www. cnki. net/）是中国最大的学术论文数据库，收录了 95% 以上出版的中文学术资源，适合中文文献检索。

（2）Web of Science（https：//www. webofscience. com/wos）是反映科学研究水准的数据库，收录了全球 1 万多种高影响力的学术期刊，涵盖自然科学、社会人文、生物医学、机械工程等多学科内容，能够提供完善的引用分析及可视化，通过引文索引或追溯由来，或追踪进展。

（3）Science Direct 数据库由 Elsevier Science 公司出版，收录2 000多种期刊，提供约4 000种电子图书。

（4）谷歌学术（https：//scholar. google. com）是一款免费的学术搜索引擎，可以通过一些镜像网站进行访问，会根据相关性对搜索结果进行排序。

（5）其他。国家科技图书文献中心（NSTL）网站（https：//www. nstl. gov. cn/）可以查阅国内会议论文；国内专利文献可以在中国国家知识产权局（http：//www. cnipa. gov. cn/）、中国专利信息中心（https：//www. patent. com. cn/）免费检索全部中国专利信息；国外专利文献可以在欧洲专利局专利数据库（https://worldwide. espacenet. com/? locale = en_ EP）、世界知识产权组织（https：//www. wipo. int/portal/en/index. html）、IBM 专利数据库资源（https://www. ibm. com/about）查阅。

1.2 如何设计实验证明猜测

科研人员经过查阅大量文献资料，了解有关研究的历史现状和尚未解决的问题之后，结合实验室的条件找出所要探索的内容，形成猜测或假说，进而确立明确的研究题目。针对选题设计制订合理的实验方案，应遵循以下基本原则：

（1）随机性原则。研究样本是任意抽取出来的，能够一定程度地消除或控制系统误差。同一种实验材料生产批次不同都会存在个体差异，随机是减小实验材料差异最基本的方法之一，可将客观存在的各种差异对实验结果的影响降低到最小。

（2）重复原则。重复是保证实验结果稳定可靠的有效途径，包括重现性和重复数两个方面。重现性是指在同样的条件下，可以得到相同的实验结果。不能重现的结果可能是偶然结果，没有科学价值。重复数是实验要有足够的次数，从而消除个体差异和实验误差，提高实验结果的可靠性。

（3）对照性原则。在实验研究中，为明确变量之间的因果关系，必须设置对照。通过设立各种对照，排除各种无关因素可能产生的影响，使实验结论更有说服力。对照一般可分为下列三种类型：①自身对照，即对同一物质进行实验处理，观察其前后某种性质的变化，可以减少个体差异的影响。比如利用原位微区拉曼光谱研究温度诱导的二氧化钒相变过程。②空白对照，即不给对照组做任何实验处理，观察材料性质变化。③条件对照，即给实验组和对照组施以相反条件的实验处理来观察材料的性质变化，其目的是通过对比得出互相对立的结论，来验证实验结论。如在研究化学气氛中氧气对于氧化锌表面缺陷含量的影响时，除了设置不同浓度氧气气氛的实验组，还可设置氮气气氛的对照组来验证猜想。

1.3 如何选取恰当的分析手段

实验室对于物质材料的分析主要分为形貌分析、成分分析以及物相分析等。研究人员需要根据实验材料种类、实验目的选择恰当的分析手段。

1.3.1 形貌分析

形貌分析主要包括分析材料结构的微观形貌、尺寸分布、物相结构等。常用的分析方法有光学显微镜（OM）、扫描电子显微镜（SEM）、透射电子显微镜（TEM）、原子力显微镜（AFM）等。SEM 可以对从纳米到毫米尺寸的材料结构进行形貌观察，视野范围大，能够分析结构微观形貌、尺寸大小及分布、特定微区的元素组成等。TEM 具有很高的空间分辨能力，适合分析纳米材料的形貌分布。高分辨 TEM 可提供结构晶格像，分析晶格间距，判断晶相，从原子尺度分析界面结构。AFM 可以表征纳米薄膜表面形貌，分辨率达数十纳米，对样品导电性无要求。

1.3.2 成分分析

成分分析手段可分为光谱、质谱和能谱分析。光谱分析有原子吸收光谱（AAS）、X 射线衍射（XRD）等；质谱分析有电感耦合等离子体质谱（ICP-MS）；能谱分析有 X 射线光电子能谱（XPS）和俄歇电子能谱（AES）等。

AAS 基于样品蒸气中元素的基态原子对其特征共振辐射的吸收强度来测定该元素的含量，适合痕量金属杂质的定量分析，检测限低、准确度高；XRD 提供样品的结晶度、晶相及晶粒大小、成键状态、各组分形态结构和含量等信息，不能分析非晶样品；ICP-MS 利用电感耦合等离子体作为能量来源，检出限低至 ppt 级，线性范围可达 7 个数量级，能进行同位素分析；XPS 能够分析样品表面元素、化学态并进行微区化学态成像，表征材料表面和界面电子、原子结构，测定除氢、氦外的几乎所有元素；AES 通过检测受激原子发射出的特征俄歇电子的能量、强度，分析微区样品的表面成分。

1.3.3 物相分析

常用的物相分析方法有紫外—可见吸收光谱、拉曼光谱、傅里叶红外光谱（FTIR）等。紫外—可见吸收光谱利用物质价电子跃迁所产生的吸收光谱，对物质的组成、结构和含量进行分析和推断；拉曼光谱通过拉曼位移来确定物质的分子结构，获取样品分子浓度分布、结晶度、相分布和应力变化、分子相互作用等信息；FTIR 可用来鉴别分子有机官能团、离子成键、配位及所处环境变化。

1.4 如何根据数据正确作图

科研工作中通过各种表征分析手段得到数据，再根据数据类型选择合适的图表类型进行数据可视化。高级配图不仅可以突出重点信息、提高可读性，让作者的研究结果与结论更加具有说服力，还可以帮助读者迅速捕捉实验的关键数据与变化趋势，甚至能更加直观、清晰地展示科研中复杂、难以用文字表述的过程和观点。因此如何根据数据正确作图是研究工作中非常重要的一环。常见的科研数据作图类型主要分为以下六种：

（1）直方图。直方图是主要用于展示数据分布情况的可视化图表，通过将被分析数据划分为多个区间，检测统计区间中数据的量，从而呈现出数据空间分布特性，每个区间的计数量称为“频数”。直方图可用于数据分布、趋势变化分析，包括数据的中心趋势、分散程度、偏态和峰态等，比如某纳米颗粒尺寸分布直方图见［图1-3（a）］[1]。

（2）柱形图。柱形图通过高度差反映数据差异对比，可以有效地对一系列甚至几个系列的离散数据进行直观的对比。条形图与柱形图两者差别不大，一般都能互相转换，例如不同氧化钨（WO_{3-x}-X）催化剂光催化乙醇脱水得到产物的柱形图［见图1-3（b）］[2]。

（3）折线图。折线图显示数据如何随着某个变量（时间或者另外一个连续变量）变化而变化的趋势。如果存在特殊异常数据，会比较清晰地展示出数据的特殊波动性。对多种类型的数据进行对比，可以明显地比较数据之间的变化趋势。

（4）多Y轴线柱混合图。该图表是在同一图上以不同的Y轴形式展示多个数据系列。每个数据系列独立展示自己趋势和变化的同时，可以方便地比较它们之间的差异和相似性。该图表适用于需要同时展示多个不同度量单位或性质的数据，并且这些数据之间可能存在某种关联或对比关系。比如从光催化材料的等离子体吸收光谱与催化表观量子效率双Y轴混合图可以看出，两者随波长变化趋势一致［见图1-3（c）］[3]。

（5）散点图。散点图以点的形式在坐标系中绘制数据，每个点横、纵坐标分别对应两个不同的变量，从坐标系中观察判断两个变量之间的分布关系，推测变量间的关联模式，适用于大量数据的展示和比较、数据的分类和分群、函数关系拟合等，如纳米颗粒荧光寿命散点图［见图1-3（d）］[1]。

（6）饼图。饼图本质上是将数据按照分类进行数据汇聚展现，通常表达各个部分和整体占比的总分、对比关系，重点突出的是类型之间的相对大小而非绝对大小，分类的数量不宜太多（10种以内），适用于需要展示分析数据占比情况的场景。

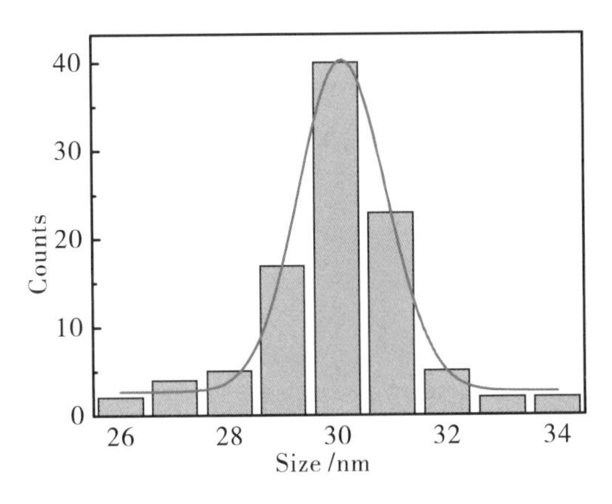

(a) 某纳米颗粒尺寸分布直方图

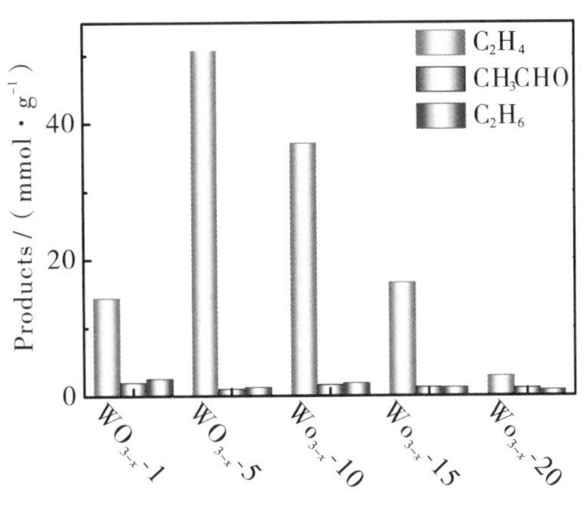

(b) 不同氧化钨（WO_{3-x}-X）催化剂光催化乙醇脱水得到产物的柱形图

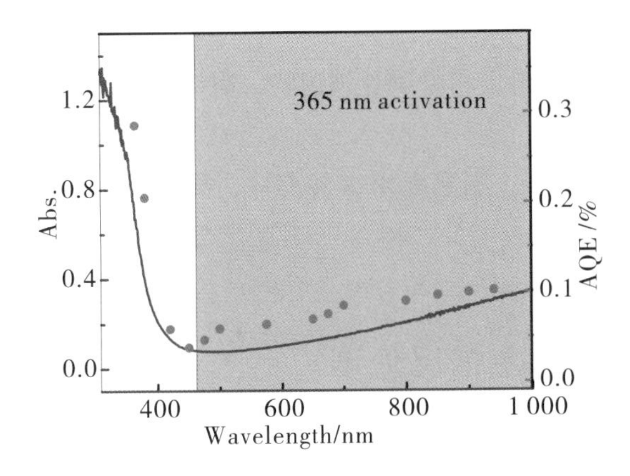

(c) 光催化材料的等离子体吸收光谱与催化表观量子效率双 Y 轴混合图

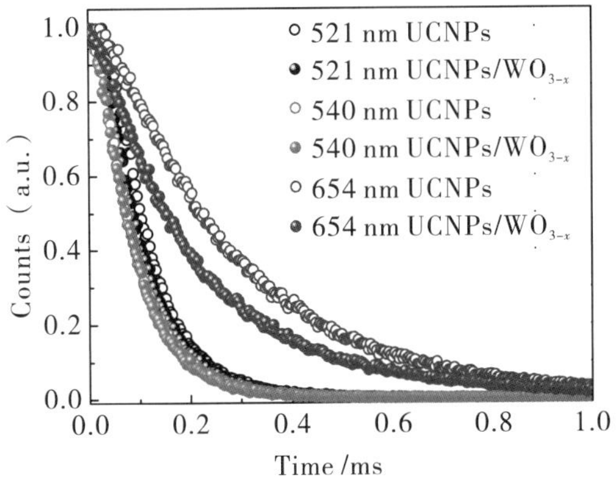

(d) 纳米颗粒荧光寿命散点图

图 1－3 不同类型数据作图

1.4.1 作图常用软件

Origin 是一款针对科学数据分析和绘图的常用软件（https：//www. originlab. com/），主要用于数据处理、统计分析、数据可视化和图像绘制，支持多种数据格式，包括文本、Excel、MATLAB、NI LabVIEW、ASCII 等。同时，Origin 还提供各种绘图类型和可视化工具，如线性和非线性曲线拟合、峰值分析、统计分析、图像处理、3D 绘图等，可以很好地呈现数据的变化规律和趋势。此外，Origin 还支持自动化操作和编程，允许用户自定义数据分析流程，可广泛应用于生物医学、工程设计、物理学、化学等领域。

MATLAB 主要用于算法开发、数据可视化和分析计算、信号处理等。它集成了强大的科学计算和图形处理能力，支持函数编程、代码编辑、测试和性能分析等，提供交互式环境。

GraphPad Prism 是一款绘图设计和数据处理软件（https：//www. graphpad. com/），专门为生物、医学等生命科学学科所设计，集生物统计、曲线拟合和科技绘图于一体，非常方便实用。

1.4.2 科研绘图的注意事项

（1）要求图随文走，一般先文后图，在正文中“如图所示”所在段落文字结束后插入相应的图片。

（2）插图中的文字能简则简，尽量用正文和图注说明。插图中文字字体和字号应保持一致，字体一般为 Arial 或 Times New Roman，字号尽量与正文相同。

（3）标目通常由物理量和相应的单位符号构成，单位按照国标规定，用正体书写的国际通用单位字符进行标注。

（4）插图中的线条粗细应保持一致，曲线要光滑，尽量避免锯齿状，箭头笔直且大小一致。

（5）每个插图需有名称（图题）并以顺序编号，图题要求准确得体，简短精练，能够反映插图的特定内容。

1.5 实验室安全和紧急情况处理

近年来，实验室安全事故时有发生，为保护实验人员人身安全和实验室财产安全，新生在独立开展实验之前应严格进行相关实验安全培训，熟知实验室可能出现的安全事故及正确的应急处理措施。

1.5.1 火灾

引起火灾的原因有很多，比如忘记关闭仪器设备电源致使温度过高、易燃易爆等化学品泄漏等。实验室发生火灾时应先对火势作出准确判断，在火势较小、确保自身安全的情况下，选用适当的方法进行处置，常用方法有：①用湿布灭火。火势及燃烧面积很小时，可使用湿布迅速盖住着火物质，以隔绝空气控制火势。②用干沙土灭火。火势较小但燃烧面积较大时，可将干沙土洒在着火物上。③用灭火器灭火。灭火器能够有效控制各类火灾蔓延，实验室应根据实际情况配备相应的灭火器。④视火情拨打“119”报警求救并组织人员安全有序撤离。这里要强调的一点是实验室火灾需要慎重选择是否使用水来灭火。若遇比重比水小的易燃液体、金属钠、钾火灾，电器设备火灾，与水能发生反应的物质火灾等情况，均不能用水来灭火，否则会扩大火势，引发爆炸和触电，造成更大伤害。

1.5.2　爆炸

爆炸性事故多发生在存放有易燃易爆物或高压气瓶的实验室。爆炸发生时，所有人员要有组织地迅速撤离爆炸现场，并打电话报警。

1.5.3　中毒

毒害性事故多发生在具有剧毒物质、有毒气排放且通风系统差的实验室，往往出于操作不当、设备老化故障、防护不足等原因。应在第一时间将中毒者转移到安全地带，让其呼吸到新鲜空气，出现气管痉挛者应雾化吸入解痉挛药物并立即就医。

1.5.4　灼伤

皮肤直接接触强腐蚀性物质、强氧化剂、强还原剂等引起了局部外伤，应立即用洁净的纸或布擦去皮肤上的化学试剂，迅速用大量流动清水冲洗。如是酸灼伤，可用5%碳酸氢钠溶液或肥皂水冲洗中和；如是碱灼伤，可用2%醋酸溶液或3%硼酸溶液冲洗中和；如不慎溅入眼，应立即就近用大量清水或生理盐水彻底冲洗，处理后再去就医。

参考文献

[1] LI J, ZHANG W N, LU C H, et al. Nonmetallic plasmon induced 500-fold enhancement in the upconversion emission of the UCNPs/WO_{3-x} hybrid [J]. Nanoscale horizons, 2019, 4 (4): 999 - 1005.

[2] LI J, CHEN G Y, YAN J H, et al. Solar-driven plasmonic tungsten oxides as catalyst enhancing ethanol dehydration for highly selective ethylene production [J]. Applied catalysis b: environmental, 2020, 264: 1 - 6.

[3] TIAN D H, LU C H, SHI X W, et al. Surface electron modulation of a plasmonic semiconductor for enhanced CO_2 photoreduction [J]. Journal of materials chemistry a, 2023, 11 (16): 8684 - 8693.

2　材料的表面形貌分析

2.1　光学显微分析

显微镜是借助于光所形成的像来观察和研究物体细微结构的精密光学仪器。首先，我们需要对透镜特性、成像原理等光学基本原理有一定的了解。

2.1.1　基本原理和仪器构造

1. 影响成像的因素

透镜是显微镜中最重要的光学部件之一，用透镜可以形成一个物体清晰的像。我们知道，透镜清晰成像基于“旁轴光线”的假设，也就是只考虑光轴附近的光线成像。实际操作上的图像往往不仅仅限于旁轴光线，成像也就偏离原像，这就引入了像差的概念。

对光学显微镜来说，在各种不同的单色像差中最主要的是球差和场曲。当光线通过球面透镜时，由于透镜各个部位的厚薄不一致，折射率不相同，通过透镜的边沿光线比起通过透镜的中轴光线具有明显不同的焦点，如图 2－1 所示。当物体是一个发射单色光的明亮小点时，在 *A* 平面上形成一个具有暗边缘的亮点，在 *B* 平面上形成一个具有黑暗中心的亮环，*AP* 为透镜孔径角。因此一个发射单色光物点的像就不能完全聚焦于一个平面上，而是一个中间亮、边缘逐渐模糊的亮斑，这种现象称为球差。这种球差会随着离光轴的距离愈远愈强，因此随着透镜孔径角的增大，这种现象将会变得更加明显。当一个与透镜光轴垂直的物体通过透镜成像时，像的最好聚焦面不是一个平面，而是一个弯曲的表面，这种现象称为场曲或像场弯曲。场曲也随着透镜孔径角的增大而增大，但是它能够独立于球差而被矫正。除了球差和场曲之外。还有彗差、像散和像场歪曲等单色像差，不过它们对于光学显微镜成像的影响不像球差和场曲那样大。

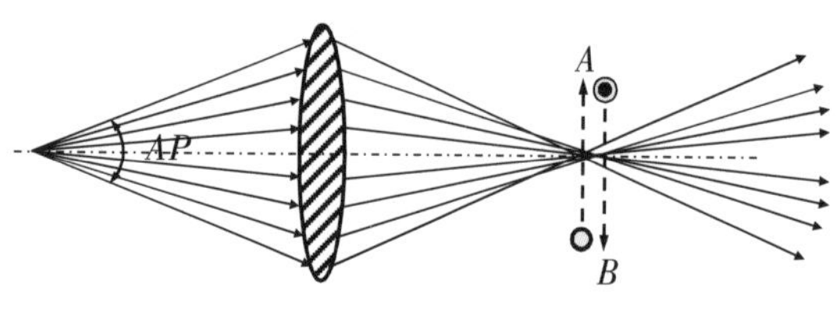

图 2－1　球差示意图

同一材料对于不同波长的光的折射率是不同的，这一现象称为色散。就透镜而言，色散的影响尤其重要。这是因为透镜成像最重要的参数之一就是焦距，而折射率的变化将引起焦距的变化。也就是说，不同颜色的光，总是不可能同时聚焦在同一点上，这一现象称为透镜的色差。色差只发生在多色光照明的情况下，由于透镜物质对于不同波长的光具有不同的折射率，一束多色光穿过透镜时，波长较短的光在更接近于透镜的地方聚焦，在透镜表面的各个点上会出现光的色散，结果如图2-2所示。发射“白”光的一个点，它的像不是一个“白”色的像点，而是一个沿着光轴方向散开的光谱，光谱中的紫色区域点最接近透镜（*V*），而红色区域点离透镜最远（*R*），绿色的光点会落在 *V*—*R* 中间的位置，色散的程度（即 *V*—*R* 距离）取决于制作透镜物质的物理性质。

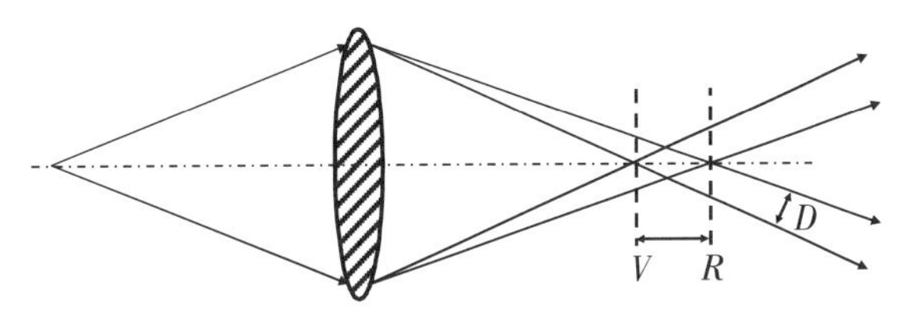

图 2-2　透镜的色差

2. 复式显微镜的成像原理

为了能够矫正像差和色差，显微镜中的光学部件如物镜、目镜和聚光器等都是以单一透镜或复合透镜所组成的透镜组而存在的。对于复式显微镜——这种结合了物镜和目镜的光学仪器，其成像过程遵循一系列原理，如图 2-3 所示。这些原理确保了显微镜能够捕捉并放大物体的细节，使得观察者能够清晰地看到微观世界。

通常，短焦距的物镜会在特定距离内形成物体放大的、倒立的实像。当像距远大于物距时，物体应当放置在物镜的焦距范围内。

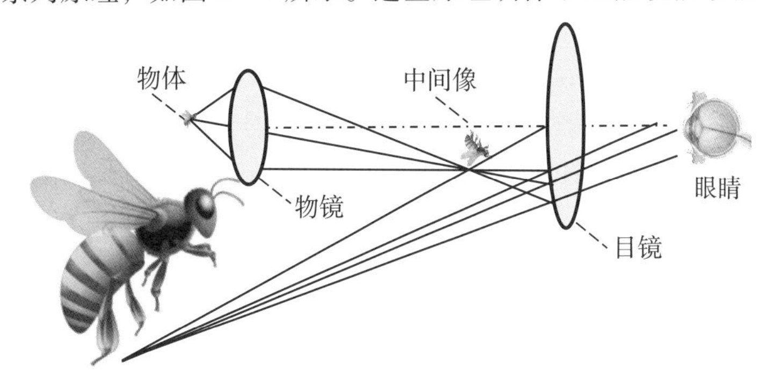

图 2-3　复式显微镜成像原理

当物体被物镜首次放大时，其所形成的中间像在一定程度上可以视作一个新的观察对象。这个中间像随后通过目镜被人眼捕捉。当这个中间像逐渐接近目镜的焦平面时，一个最终的像就会在眼睛前方的某个固定距离内形成。值得注意的是，这个最终像是倒立的虚像，它无法在屏幕上显现出来，也无法让照相底片感光。这意味着，观察者只能通过目镜直接观察这个虚像。

物镜的放大倍数等于物距与物镜的焦距之比，即物镜焦平面和物体之间的距离 Δ 与物镜的焦距 $f_{物}$ 之比，该值决定了物镜对物体的放大程度。同理，目镜的放大倍数等于明视距离（250）与目镜的焦距 $f_{目}$ 之比，该值表示目镜将中间像进一步放大的程度。因此显微镜的整体放大倍数可用如下公式简单计算：

$$\text{物镜放大倍数} \times \text{目镜放大倍数} = \frac{\Delta}{f_{物}} \times \frac{250}{f_{目}} \tag{2-1}$$

3. 光学显微镜分辨极限

光学显微镜分辨率描述了显微镜对区分两个不同样本点的能力。显微镜的分辨率与光学元件的数值孔径（*NA*）以及用于观察样品的光波长有关。此外，还必须考虑德国物理学家 Emst Abbe 提出的阿贝极限。显微镜使用的是凸透镜，按照经典几何光学理论，凸透镜能将入射光聚焦到它的焦点，但由于透镜有一定大小，光线透过它时由于波动特性会发生衍射，并不能将光线聚成无限小的焦点，而是会形成具有一定能量分布的光斑，即中央是明亮的圆斑、周围有一组明暗相间的同心环状条纹，而其中以第一暗环为界限的中央亮斑称为艾里斑（Airy Disk）。由于光的衍射现象始终存在，因此当两个样本点相距过近，产生的艾里斑就会重叠而导致无法分辨，这就是衍射极限的概念，而衍射极限也决定了显微镜的分辨极限（见图 2－4）。1873 年，Emst Abbe 首次指出光学显微镜受限于光的衍射效应存在分辨极限，数值简单判定为：

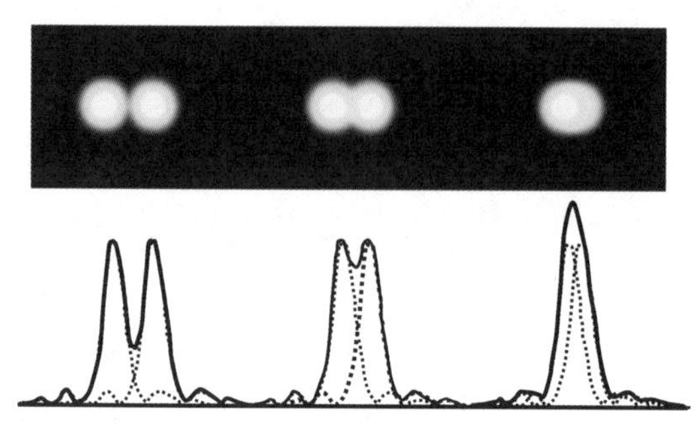

图 2－4 阿贝极限示意图

$$d=\frac{\lambda}{2NA}=\frac{\lambda}{2n\sin\alpha} \tag{2-2}$$

式中，λ 为观察样品所用光波长，数值孔径 *NA* 与光通过的介质折射率 n 以及给定物镜的孔径角 α 有关。

由式 2－2 可知，为提高光学显微镜分辨极限可以从两个方面着手：一是减小 λ 值，可见光的波长范围为 390 ~ 760 nm，取可见光中波长最短的蓝紫光约 400 nm 时，$d\approx$ 200 nm＝0.2 μm，这通常就是一般光学显微镜的最高分辨能力；二是增大数值孔径 $n\sin\alpha$，显微物镜上一般都会标识 *NA* 值，同等放大倍率的物镜，更大的 *NA* 可以获得更好的分辨率。

4. 显微镜的基本构造

现代显微镜大都采用斜筒镜台。这种类型显微镜的光源安装在镜座内，镜筒是完全固定的，在镜筒上可以安装照相机、投影屏、光度计等各种附件，大大开拓了显微镜的用途。这种类型显微镜通过 CCD 相机等部件，还能将图像实时输出到屏幕上，供多人观察。无论是哪种类型的显微镜，其基本构造主要由以下几个部分组成：

（1）目镜和物镜。这是显微镜最重要的光学系统，通过旋转下端的物镜转换台，可以更换不同放大倍数的物镜。

（2）照明器和聚光器。显微镜的照明系统是重要程度仅次于物镜和目镜的光学系统。现代显微镜大都使用人工光源照明，显微镜上搭载的聚光器也是一个透镜系统，通常安装在载物台下方，并能沿着光轴方向垂直移动。它的主要功能是会聚照明光线，使其聚焦于被观察的物体上。此外，聚光器上还装有孔径光阑，它在提升图像质量和分辨率方面扮演着重要角色。不同类型的显微镜有不同的聚光器。

（3）镜台和载物台。通过粗调和细调的机械系统，我们可以调整样品与物镜之间的距离，实现显微镜像的聚焦。载物台是用于放置样品的平面，通常配备可在纵向和横向移动的机械移动器和样品夹，方便对样品进行细微的移动。此外，载物台还配备了刻度尺和游标尺，以提供准确的测量和定位功能。

2.1.2 固液样品制样

与用入射光观察的样品不同，使用透射光观察的样品必须具有由于光吸收的差异面产生的一定反差，才能在显微镜下被观察到。为此，对于用透射光观察的显微镜样品有如下要求：

（1）适当的厚度。样品切片厚度宜在 2 ~25 μm 之间。

（2）足够的透明度。应能隔着样品看到清晰的透射光。

（3）能够形成建立在吸收差异上的足够的反差。

1. 金属或矿物样品

这类样品的表面通常较为粗糙，对入射光的漫反射比较强烈，这使得我们无法直接通过显微镜观察其内部组织。因此，我们需要对样品表面进行适当的处理。首先，采用磨光和抛光的方法，使表面光滑如镜。接下来，选择适当的试剂腐蚀样品表面，通过溶解特定的部分，使表面形成微小的凹凸结构。当这些凹凸结构恰好在光学系统的景深范围内时，我们就能够清晰地观察到样品组织的形貌、大小和分布情况。

2. 细菌或细胞类样品

部分细菌有鞭毛，使得它们能在水中自如地移动。为了观察细菌的运动，常用的方法有水浸片法和悬滴法。[1] 这里，我们以枯草杆菌为例进行说明。

（1）水浸片法。用接种环从培养的枯草杆菌中取出一环菌液，然后将其小心放置在洁净的载玻片中央，轻轻盖上盖玻片，便于后续的显微镜观察，如图 2 –5 所示。注意不要有气泡。

图 2 –5 水浸片的制备

（2）悬滴法。在严格遵守无菌操作的前提下，在一片干净盖玻片的四个角落涂抹上少量的凡士林。再用接种环从枯草杆菌中取出一环菌液，小心地将其放置在盖玻片的中央，此时菌液会形成一个水珠状的形态。然后，再取一凹玻片并将其凹窝部分朝下，覆盖于上述盖玻片上。最后，翻转玻片使液滴悬于玻片表面，便于后续观察分析（见图2－6）。

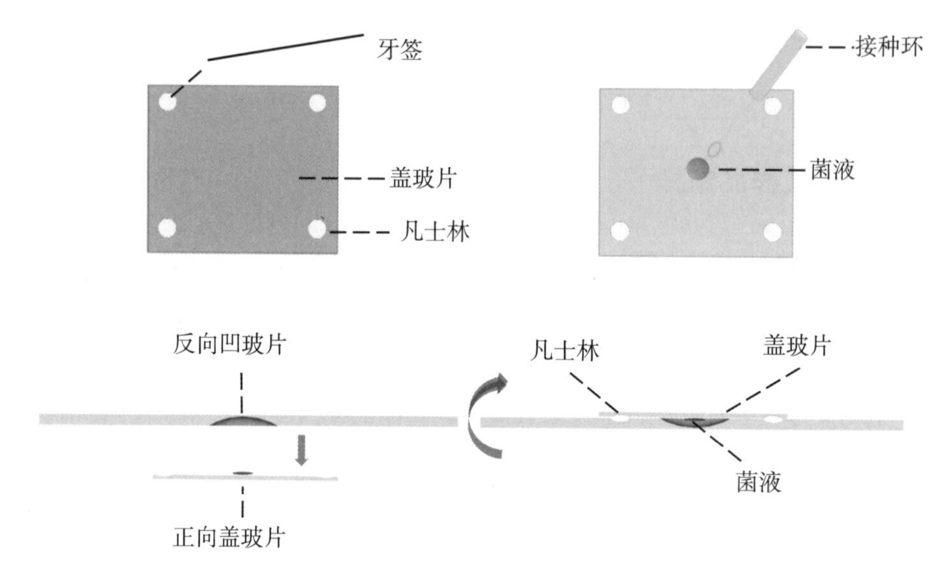

图2－6　菌液悬滴的制备

3. **液体类样品**

对于一些液体的观察和化验，应在完好的载玻片上滴少许液体后，盖上盖玻片再观察。注意不要直接把物镜浸于液体中进行观察，因为液体可能会侵蚀并损坏镜头。

4. **植物类样品**

对于一些单细胞植物以及容易分离的高等植物的花粉母细胞和根尖、根瘤等部位，可以用涂抹制片法进行观察和研究。将样品用胶水调匀后，涂抹在载玻片上，盖上盖玻片再进行观察。

5. **动物类样品**

对于动物组织细胞等，为了尽可能小地改变细胞的生态结构，可以用福尔马林溶液处理后将生物样品按自然状态固定下来，经过冲洗、脱水、透明染色处理，再将样品浸入熔化的石蜡中，冷凝后切成8～12 μm厚的薄片。最后从中取出较薄的、均匀的切片放在洗净的载玻片上，用中性树脂胶固封，盖上盖玻片，制成永久性切片。

2.1.3　视场调节技巧

样品应放置在标准的载玻片上，载玻片表面必须保持洁净。这样视野的背景是清澈的。一般而言，调节视场时注意从目镜中观察到的图像移动方向和实物移动方向相反（部分新设备已经进行反平行置换，则视野运动与实际操作方向一致）。视场调节的一般原则是：先近后远，先粗后细，先大后小，先角边后中央，先标记后目标，先特征后自由。

1. 目镜中没有看见图像

如果目镜中没有看见图像，需进行调焦操作。调焦的原则就是“先近后远，先粗后细”，即物镜要从贴近样品开始提高，调节要先用粗调，再用细调。具体操作如下：先用粗调焦螺旋将低倍物镜慢慢降下，直至和样品逐渐接近，但不能碰到盖玻片，然后一边用眼观察目镜中视野，一边将粗调焦螺旋缓慢地往回上升调节，直到目镜中出现样品的轮廓图像。接着，改用细调焦螺旋来回地微微旋动，直至将图像调清晰为止。如果没有看见样品图像，可以左右前后慢慢地移动载玻片，待找到样品后再移至所需观察的部位。确定上述操作原则的目的在于保护物镜镜头。假如没有先近后远进行粗调，就有可能错过焦距，一直往下找，直到物镜压碎样品，碎片划伤镜头。

如果要看的样品十分微小，调焦的时候必须先看其他特征部分，例如载玻片的一角，或者个别特殊划痕，协助快速调整焦距。这就是找角边、找标记物的意义。只有特征物清晰调焦后，才能自由地移动平台寻找物体。确定上述原则的目的在于形成一套快速高效调焦的流程。

2. 如何区别显微镜的污点和样品

要区别显微镜污点和样品，需移动载玻片，如果图像和载玻片是同步异向，移动的则是样品，显微镜污点不会移动；或分别转动一下目镜或物镜，若是污点，只要观察其是否伴随镜头移动，就可以判明污点在目镜还是在物镜或其他光路上。

3. 低倍镜下可以看到样品，转换成高倍镜后却看不见图像

这可能有如下几种原因：

（1）样品发生移动。在转换不同倍率物镜时动作太大，需再用低倍镜重新找到样品并移至视野中心，再轻轻转换成高倍物镜。

（2）物镜没有移到光轴上。转换倍率时物镜未完全移入嵌槽内，需稍转动一下转盘，使其全部移入槽内（有“喀”的一声）。

（3）照明光源太暗。转换倍率时，反光镜移动造成照明光线变暗或没有进光，可检查照明光源。

（5）样品没有在视野中心。低倍观察时未将样品放在视野中心，转换高倍观察后样品不在视野内。可逐步提高倍率使样品处于各放大倍率的视野范围内。

（6）样品太厚或太薄。若样品太厚不透光，或无色透明，或反差欠佳，都不易得到清晰图像。观察不透光样品应缩小倍率，放大光阑。观察无色透明或反差欠佳的样品，宜缩小光阑和调节聚光镜、滤色片或将样品进行染色后再观察。

2.1.4 滤光片和滤色片

1. 滤光片

光学滤光片通常是指与波长相关的透射或反射元件，基片多为有色玻璃、石英等。滤光片按通过光谱波段可分为：紫外（180～400 nm）、可见光（400～700 nm）、近红外（700～3 000 nm）、红外（3 000 nm～10 μm 以上）滤光片等；按光谱特性可分为带通、短波通、长波通滤光片等。带通滤光片可使选定波段的光通过，通带选定波段以外的光截止，按带宽可分为窄带和宽带；短波通（又称为低波通）滤光片允许比特定波长短的光线通过，而阻止长于该波长的光线。相反，长波通（又称为高波通）滤光片则允许比特定波长长的光线通过，而阻止短于该波长的光线。滤光片主要有以下四个关键光学指标：

（1）中心波长（CWL）：在实际应用中，滤光片主要透过或反射特定波长。例如，当使用主峰值波长为633 nm 的激光作为光源时，所需的滤光片中心波长应为633 nm。这样，滤光片便能针对这一特定波长的光线进行透过或反射，满足实验需要。

（2）峰值透过率（TP）：反映目标波段的通光能力，数值越大，透光能力越好。初始入射光为100%，透过滤光片发生损耗后只剩85%，那么滤光片的光学透过率为 $TP>80\%$。

（3）半带宽（FWHM）：描述滤光片或光谱透过性能的一个重要参数，表示在最高透过率的一半（50%）处所对应的波长范围，即最高透过率 50% 点对应的左、右两侧波长值之差。例如，如果在一个滤光片的透过率曲线上，峰值透过率为90%，那么其一半即为45% 的透过率点所对应的波长分别为425 nm 和 525 nm，该滤光片的半带宽即为 100 nm。

（4）截止率（Blocking）：描述了在滤光片的截止区域内，光线被阻止或吸收的程度。高截止率意味着滤光片在截止区域内对光线的阻挡效果强，透过率低。但实际上透过率难以完全达到零，通常透过率达到 10^{-5} 以上就可以满足大部分使用要求，转换为光学密度值，用 $OD>5$ 表示。

2. 滤色片

滤色片是显微镜的辅助部件，通常放置在显微镜照明系统的孔径光阑附近，合理选择滤色片对于提升成像质量至关重要。简而言之，滤色片主要有以下三个方面的作用：

（1）滤色片能够校正物镜的相差。当配合消色差物镜使用时，选用黄绿色的滤色片可以达到最佳的相差校正效果。

（2）滤色片还能提高物镜的分辨率。对于复消色差物镜，蓝色滤色片是一个不错的选择。由于蓝光的波长比黄绿光短，因此它可以提高物镜的分辨率。

（3）滤色片还可以用来减弱光源的强度。新型的显微镜除了常用的黄绿色滤色片外，还配备了一个或多个灰色中性密度的滤色片。这些滤色片可以在不改变其他特性的情况下，有效降低入射光线的强度。

2.1.5 图片的灰度化处理和二维测量

将彩色图像转化为灰度图像的过程称为图像的灰度化处理，这个过程可以通过 MATLAB 等软件实现。图像灰度化的目的是简化矩阵，仅保留图像的亮度信息，提高运算速度。现在部分显微镜的系统也已经内置了相应的图像处理工具，只要在 RGB 通道中将 R、G、B 取消勾选或者取相同值即可实现图像的灰度化，此时该值被称为灰度值。

当一幅图片经过灰度化处理后，其像素点的灰度值在 0 ~ 255 范围内。这个范围内的灰度值被平均划分成若干份，每一份代表一个特定的灰度级别。这个划分的份数，即平均量化的级别数，被称为灰度级数。例如，如果我们将 0 ~ 255 的灰度值平均划分为两级，那么灰度图像就会简化为二值化图像，其像素值只能为 0 或 1，代表黑色或白色。图 2 - 7 为灰度处理前后的眼底光学显微镜图。[2] 若需要对成像后获得的图片进行二维尺度的测量，可以通过 Image J 等软件根据成像图片标定的比例尺测量得到平均值或某一处点位的测量值，也可以通过显微镜配套软件系统内的比例尺工具直接测量得到。

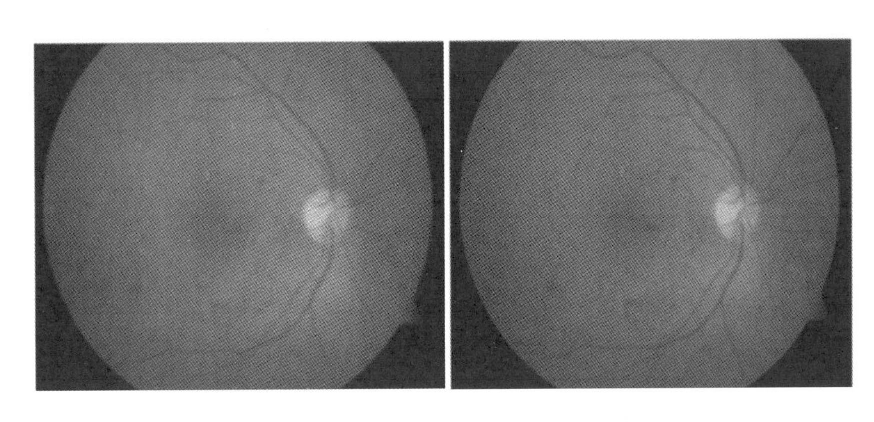

（a）灰度化处理前　　（b）灰度化处理后

图 2 - 7　灰度化处理前后的眼底光学显微镜图

2.1.6 科研实例分析

1. TMDS 二维层状材料

二维过渡金属硫化物（TMDS）因其具有独特的电子能带结构和光电特性，在光电子学领域展现出极大的应用潜力。目前，制备超薄 TMDS 材料的方法主要有“自上往下”的机械剥离法以及“自下而上”的化学气相沉积法（CVD）。机械剥离法主要是利用透明胶带粘住块状材料的两个侧面，反复几次，不断破坏层间范德华键，从而得到少层或单层的 TMDS 样品，并固定于硅片衬底上。在利用光学显微镜对 TMDS 材料进行观察定位之前，应最大限度地利用二维材料的低光学对比度。图 2-8（a）为单层 WS_2 光学对比随衬底 SiO_2 厚度和光波长变化图[3]，根据波长的不同，折射率 n 为 3~3.15，消光系数 k 为 0.44~1.04。与其他二维材料类似，随着硅衬底上 SiO_2 的厚度不同，光学对比表现出振荡变化，因此，选择 90 nm SiO_2/Si 来观察少层 WS_2 片，如图 2-8（b）所示。由图中可以明显看出，利用机械剥离法获得的 WS_2 片形貌并不规则，且单层样品与少层样品混杂在一起，难以控制样品厚度。

基于量子限域效应，当 TMDS 从块状或者多层逐渐向单层转变时，带隙逐渐变宽，比如单层 MoS_2 的电子结构就会由间接带隙转变为直接带隙（1.9 eV）。化学气相沉积法是一种被广泛应用的材料制备技术，能够利用气态物质通过在固体表面发生化学反应，从而生成固态沉积物。通过选择合适的压力、温度、气体流速等条件，可实现大面积、高质量的单层 MoS_2 可控制备，图 2-8（c）为利用 CVD 工艺在二氧化硅衬底上生长的单层 MoS_2 光学显微镜图，我们可以看出其形貌规整，近似等边三角形，边长约 34.6 μm，相比块状或多层形式，单层 MoS_2 有更高的电子迁移率，可以有效发射荧光［见图 2-8（d）］，因此这种单层二维材料的大面积可控制备对未来光电器件的大规模生产应用尤为重要。

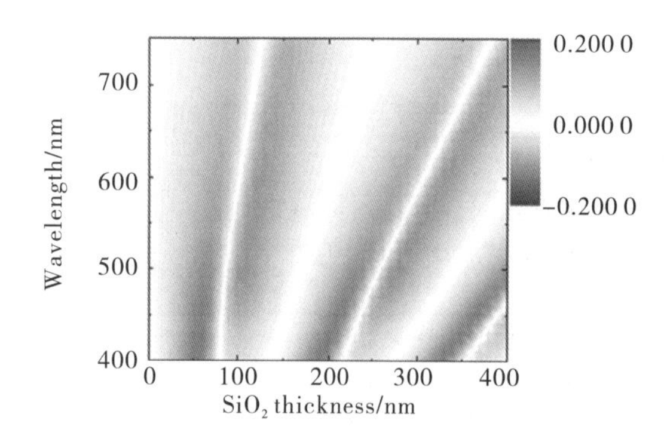

（a）单层 WS_2 光学对比随衬底 SiO_2 厚度和光波长变化图

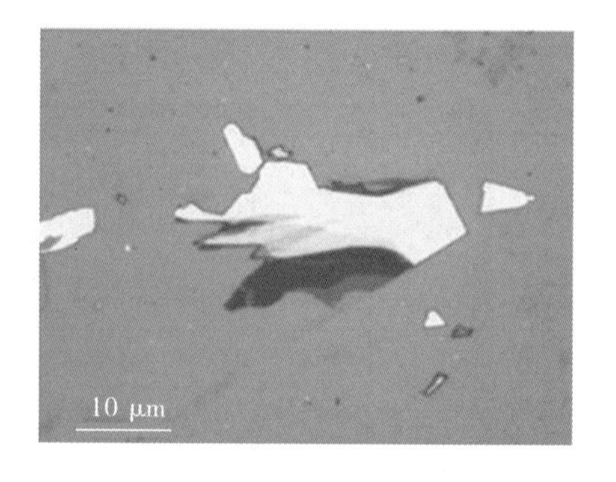

（b）机械剥离法制备的 WS_2 片在 90 nm SiO_2/Si 表面的光学显微镜图

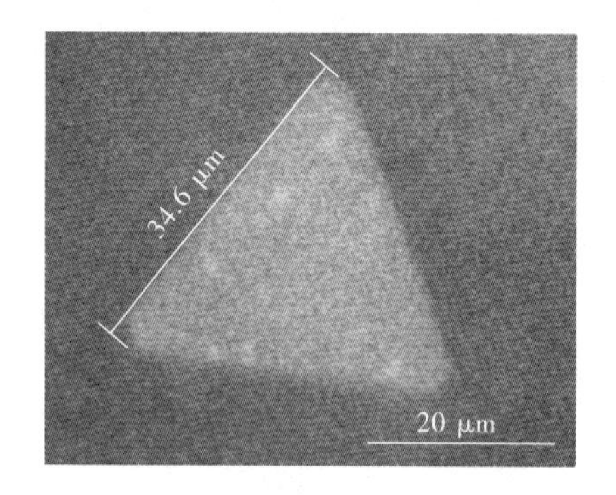

（c）化学气相沉积法制备的单层 MoS_2 光学显微镜图

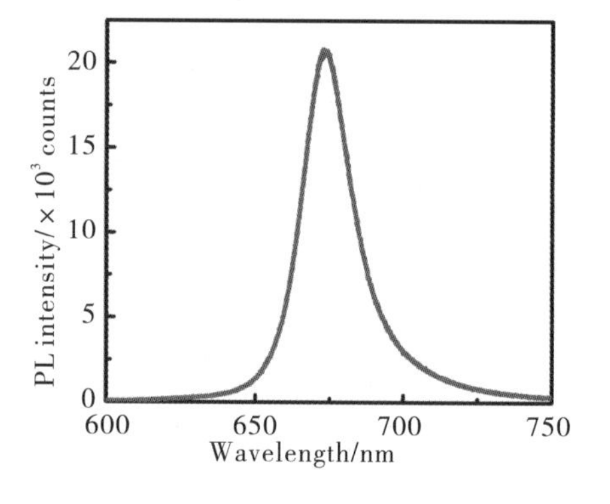

（d）光致发光（PL）光谱图

图 2-8　二维过渡金属硫化物光学表征

2. **特殊结构的微米光纤**

Li 等人提出了一种具有亚波长空间分辨率的近场探测的活纳米探针。[4] 他们首先利用熔融拉锥法将商用单模光纤拉制成具有锥形尖端的光纤（尖端直径约 2.0 μm），然后将一个球形的酵母细胞（直径约 2.5 μm）附着在光纤尖端，作为生物微透镜。当光纤另一端耦合 808 nm 近红外激光器时，从光纤尖端射出的近红外光通过生物微透镜形成会聚光束，利用会聚光束产生的光学梯度力可以捕获组装多个乳酸杆菌细胞（直径约 400 nm、长度约 2.0 μm）作为光波导，从而构成生物兼容的纳米光学探针，可以实现生物细胞近场成像和传感。图 2 -9（a）为明场下探针的光学显微镜图，而图 2 -9（b）~（d）为暗场下（关闭显微镜光源）光纤另一端耦合不同波长的激光器时观察到的显微镜图像，可以看到光信号沿着锥形光纤传输并耦合到酵母细胞中，然后沿着嗜酸乳杆菌细胞链传输，最后在探针末端观察到一个微小聚焦光斑。垂直方向的线强度分布图［见图 2 -9（b）~（d）］显示，通入 644 nm、532 nm 和 473 nm 光波长时，输出光斑的半高宽分别为 345 nm、282 nm和 248 nm。

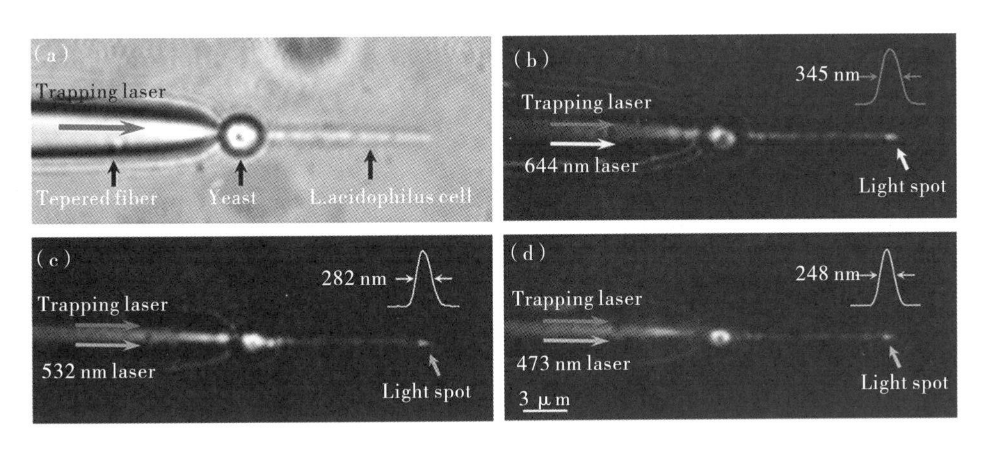

（a）明场下；（b）暗场下 644 nm 红光；（c）暗场下 532 nm 绿光；（d）暗场下 473 nm 蓝光通过光学探针传输并在末端聚焦成亚波长光斑的光学显微镜图像

图 2 -9　由锥形光纤、酵母细胞和 5 个嗜酸乳杆菌细胞组成的光学探针的光学显微镜图像

3. **海拉细胞光学显微**

（1）普通光学显微镜。任何培养瓶内生长的细胞都由死细胞和活细胞组成，从形态上区别死、活细胞是困难的。当在普通光学显微镜下观察时，细胞是透明的，反差很小，难以观察到细胞清晰结构，因此需要染色辅助（如台盼蓝等）。

①活细胞不会被染色，死细胞会被台盼蓝染成蓝色。

②当细胞处于良好状态时，其透明度较高，轮廓清晰可见，视野中可以观察到较多的分裂期细胞。

③细胞状态不佳时，会失去原有的特征，胞质内可能出现空泡和颗粒，细胞形态也会发生变形，甚至出现死亡现象。

由于癌细胞的细胞核内染色质数量增多，颗粒变得粗糙，因此在染色后，细胞核的颜色会显得较深，呈现出类似墨水滴的外观。同时，由于核内染色质分布的不均匀性，不同区域的染色深浅也会有所差异。以图 2-10 的海拉细胞（一种癌细胞）为例[5]，在染色后我们可以清晰地看到海拉细胞的细胞核较大，且同一视野下的细胞核大小相差悬殊，部分细胞核畸形或不规则，呈结节状、分叶状等，这些都是癌细胞的典型特征。

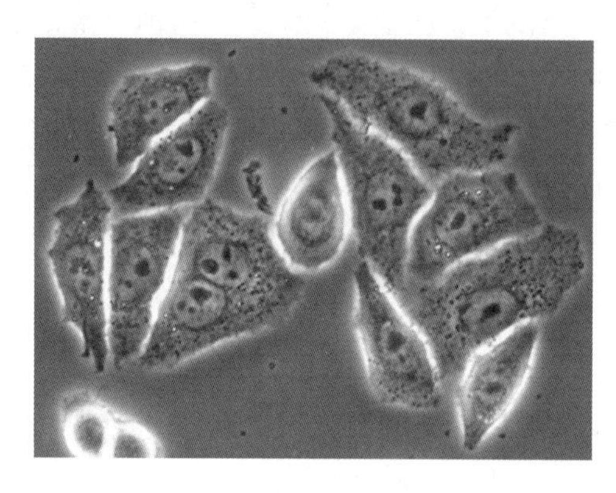

（a）染色后

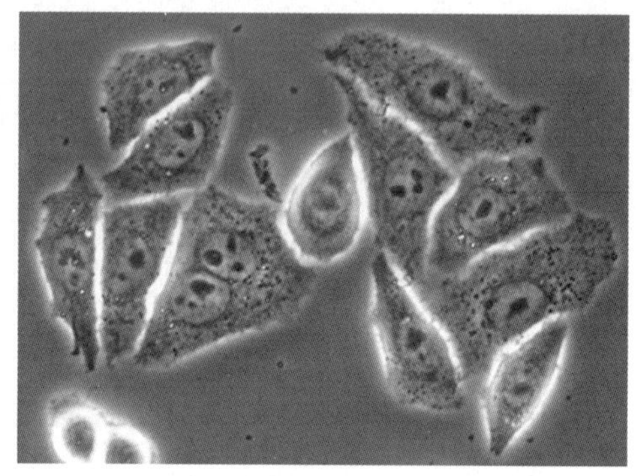

（b）灰度化处理后

图 2-10　海拉细胞光学显微镜图

（2）带有相差装置的显微镜。因为未经染色的细胞是透明的，反差很小，难以观察到细胞清晰结构，所以一部分新式显微镜搭载了相差装置，使目标物体与背景反差增强，因而能够在未染色的情况下看清细胞的轮廓和一些微细结构如线粒体、核仁、染色质等（见图 2-11）。相差装置的核心是将光线通过样品时产生的相位差变化转换成光强变化，从而被探测器探测到，而转换的方法就是利用光的干涉，具体原理本书不作展开。

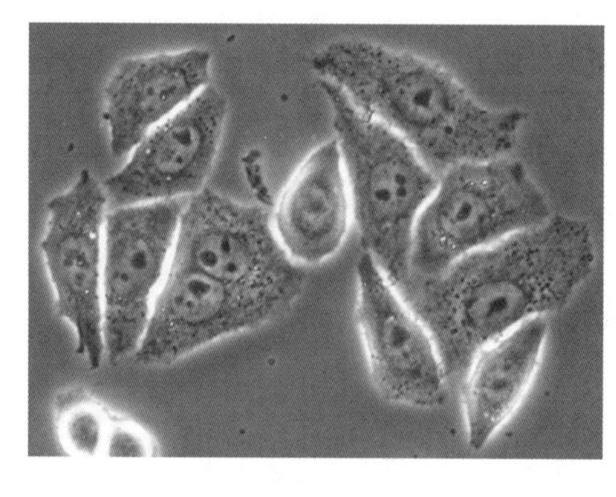

（a）普通明场显微镜效果

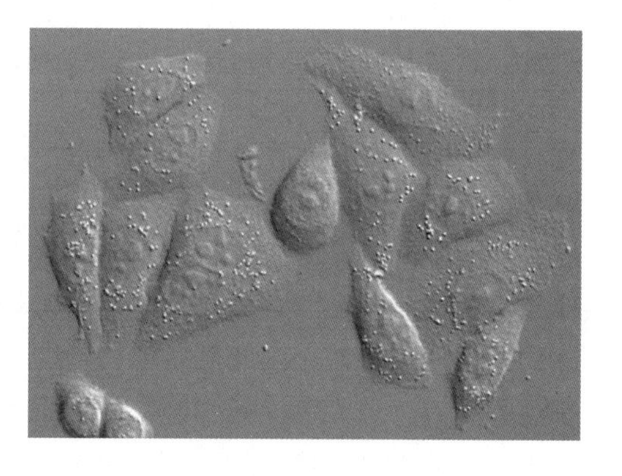

（b）相差显微镜效果

图 2-11　海拉细胞相差显微镜拍照实物图

无论选择何种方式，在初次拍摄时，应把放大倍数、照明强度和曝光等条件一一记录下来；做一组不同曝光时间的试验，显影后选最佳组合，作为以后再拍摄该样品时的参考标准。

4. **大肠杆菌光学显微**

革兰氏染色法是细菌学领域中较为常用的一种关键鉴别染色技术。利用两类细菌的细胞壁成分和结构的不同，此法可将细菌分为革兰氏阴性菌（红色）和革兰氏阳性菌（紫色）两大类。

大肠杆菌是人和许多动物肠道中最主要且数量最多的一种细菌，是肠道中的正常寄居菌，在正常条件下并不会致病；但当人体免疫力下降时，这种细菌有可能引发人类和多种动物的胃肠道感染或尿道等局部组织器官的感染。如图 2－12 所示[6]，大肠杆菌多是一种短杆菌，两端呈钝圆形，是单一或两个存在，在革兰氏染色后，其菌株均呈现红色，证明是革兰氏阴性菌。但在实际分析的过程中，仅凭光学显微镜照片是无法断定的，其他杆菌例如痢疾杆菌等也能呈现相似的图像，因此需要结合其他测试手段辅助辨别。

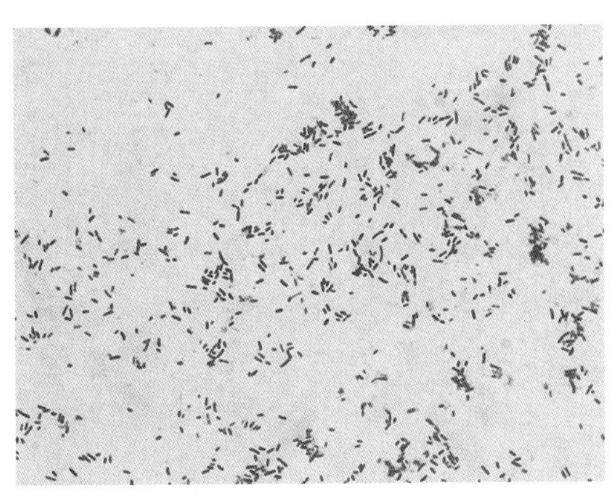

图 2－12 染色处理后的大肠杆菌（放大倍率：1 000×）

2.1.7 常见问题解答

在使用显微镜时，应该注意如下事项：

（1）测试前检查显微镜的物镜倍率是否已切换到最低倍率（一般是 10×）。

（2）测试前检查显微镜载物台是否降到最低，避免放置样品时磕碰损坏物镜镜头。

（3）根据样品选择检查当前光照模式是“底光源”还是“顶光源”。

（4）切换到大倍率物镜后只能通过缓慢转动细准焦螺旋进行聚焦，避免物镜与样品直接接触。

（5）物镜/目镜日常清洁时，仅需用脱脂棉签及擦镜纸配合无水乙醇擦拭即可，动作要轻柔，以避免损坏镀膜层。

在测试过程中有可能会发生如下问题：

（1）发现无论怎样调焦，图像依然是模糊的。

首先检查样品是否放置正确，如玻片样品，使用正置显微镜观察需要盖玻片朝上放置，而用倒置显微镜观察则需盖玻片朝下放置；如果是介质镜则需确认样品上有没有滴加适当的相应介质（水/甘油/油），正置显微镜将介质滴在样品上，倒置显微镜将介质滴在物镜上。

（2）低倍下成像清晰，高倍下成像较模糊。

这可能是因为高倍下对样品厚度和平整度有更高要求，需检查样品是否平整；注意盖玻片位置是否放反，盖玻片需朝上放置；切换到高倍镜时，聚光镜上的孔径光阑应相应调大；生物显微镜应注意 100×物镜是否滴油，物镜是否干净；40×/60×物镜可能因使用油镜后未清理就切换导致镜头沾油，检查物镜是否干净。

2.2 扫描电镜

根据瑞利判据，设备的极限分辨率与波长成正比。可见光的波长是几百纳米，限制了我们获取更精细的空间分辨结构信息。因此，我们需要比光子波长短得多的粒子，来实现更微观领域的更高精度的扫描。电子就是一个方便且妥当的备选。科学家参考光学成像原理，把光子换成电子，就得到我们常用的扫描电子显微镜（Scanning Electron Microscope，SEM，简称扫描电镜）。

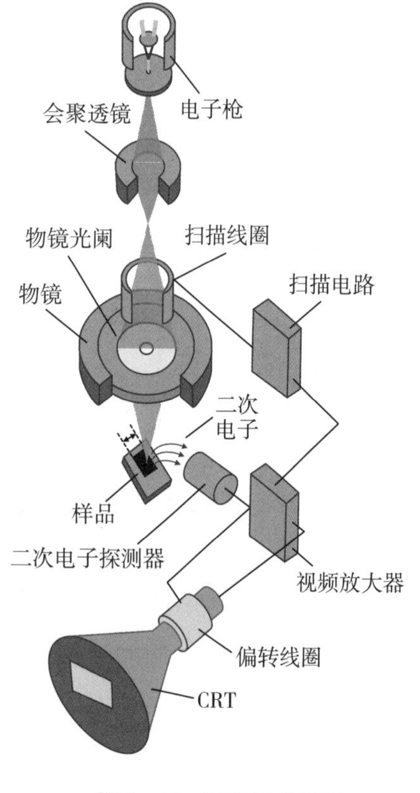

图 2-13 SEM 工作原理

2.2.1 基本原理

扫描电镜的工作原理是在高电压作用下，从电子枪射出来的电子束经聚光镜和物镜聚焦成很细的高能电子束，在扫描线圈洛伦兹力的控制下在样品的表面进行逐点扫描，利用产生的各种信号获取样品的表面形貌和成分信息（见图2-13）。这种“光栅扫描，逐点成像”的模式使扫描电镜成为一种强大的微观分析工具。

从信道角度来看，扫描电镜利用聚焦电子束对样品表面进行逐点扫描，电子束与样品发生相互作用后，能够激发产生多种物理信号，这些信号随后经由检测器接收，放大后转换成调制的电子信号，并最终在荧光屏上重构成图像，揭示出样品表面的微观特性。从物理过程来看，当高能入射电子轰击材料表面时，会激发出多种粒子和辐射，包括二次电子、背散射电子、俄歇电子、特征 X 射线，以及可见光、紫外线和红外线。此外，该过程还会导致电子—空穴对的产生、晶格的声子振动和电子的等离子体振荡现象。通过电子与物质之间相互作用，可以探知样品的多种物理及化学特性，涵盖了形态、成分、晶体构造、电子结构以及隐藏在内的电场或磁场等信息。扫描电镜能与其他分析仪器结合使用，以实施形貌、微区成分及晶体构造等复杂微观结构信息的同位分析。

扫描电镜主要利用二次电子信号来显示材料的表面形貌衬度，利用背散射电子信号显示原子序数衬度，反映材料成分信息。

二次电子：当电子束轰击样品时，原子核外电子获得能量。若所获得的能量高于其结合能，它们就可能挣脱原子束缚，成为自由电子。这一现象若在样品表面附近发生，则部分自由电子还具有足够的能量超过材料的逸出功，从而能够从材料表面逸出到真空环境中，形成所谓的二次电子。二次电子源于样品的表面，所以它们对样品表面的形貌、物理状态、化学组成非常敏感，通过检测分析二次电子，能极佳地反映出样品表面的微观结构和形貌。当入射电子束的能量很高时，它们与样品中的原子发生强烈作用，产生大量的自由电子。我们检测到的二次电子主要是样品表层价电子所产生的，这些电子大都源自表面 50 ~ 500 Å 范围内，其能量通常分布在 0 ~ 50 eV 区间。

背散射电子：电子束照射固态样品时，会有一些入射电子发生反射，这些电子称为背散射电子，可分为弹性和非弹性两种。弹性背散射电子特指那些与样品原子核相撞后，散射角度大于 90°并且几乎未损失能量的入射电子，其能量范围普遍在数千至数万电子伏特之间。而入射电子与原子核外电子发生撞击后，发生非弹性散射，就会形成非弹性背散射电子。这一过程不仅改变了电子的能量，还改变了其运动方向。原子序数高的元素，背散射能力强，背散射电子的产额随原子序数的增加而增加，因此它作为成像信号可以用来显示原子序数衬度，进行定性成分分析。不同的物质相具有不同的背散射能力，背散射电子的测量可以大致确定材料中的物质相态。

吸收电子：随着入射电子与样品中原子核或核外电子发生的非弹性散射次数越来越多，其能量不断降低，最后被样品所吸收，一般产生背散射电子较多的地方其吸收电子就较少。

透射电子：当入射电子束的有效穿透深度大于样品厚度时，那些能够透过样品的入射电子便成为透射电子，其数量和能量分布与样品厚度、成分以及入射电子能量等因素相关。

特征 X 射线：原子内层电子受到激发以后，使原子处于能量较高的不稳定的激发态，内层电子出现空位。当外层电子跃迁至空位时，原子能量降低并趋于稳定，在此过程中会释放出一种具备特定能量与波长（与能级差对应）的电磁辐射。比如高能电子轰击导致 K 层电子逸出，原子因此处于 K 激发态且具备一定的能量 E_K。随后，电子从 L2 层跃迁至 K 层，原子激发态由 K 变成 L2，相应的能量也降低为 E_{L2}，伴随 $\Delta E = E_K - E_{L2}$ 的能量释放出来。若这一能量以 X 射线形式放出，其波长可表示为 $\lambda_{K\alpha} = \dfrac{hc}{(E_K - E_{L2})}$，其中 h 是普朗克常数，c 是光速。任一元素的 E_K、E_{L2} 都有其特定值，因此发射出相应的 X 射线波长也具有特征性，又称特征 X 射线。特征 X 射线波长与元素原子序数的关系遵循莫塞莱定律：

$$\lambda = \frac{K}{(Z-\sigma)^2} \tag{2-3}$$

Z 为原子序数，K 和 σ 为常数，因此利用这一对应关系可以进行成分分析。

俄歇电子：原子内层电子发生跃迁时，所释放的能量不完全以 X 射线的形式辐射出去，有部分能量被用来激发原子核外另一电子，使其获得能量脱离原子成为自由电子，这种电子被称为俄歇电子。由于任意原子都有其独特的壳层能量，俄歇电子的能量值同样具有特征性，通常介于 50 ~ 1 500 eV 之间。这些特征值能够反映原子内部的电子能级结构，用于研究原子和分子性质。

必须指出，产生特征 X 射线或俄歇电子的两个过程是互斥的。如果产生特征 X 射线和俄歇电子的概率分别为 W_X 和 W_A，则有 $W_X + W_A = 1$。实验发现，W_X 和 W_A 与材料的原子序数 Z 相关，对于 $Z < 32$ 的轻元素，W_A 的值通常大于 W_X；对于 $Z > 32$ 的重元素，W_A 的值小于 W_X；当 Z 值大约为 32 时，W_A 与 W_X 大致相等。

扫描电镜不同信号及产生信息如表 2－1 所示。

表 2－1　扫描电镜不同信号及对应信息表

信号	信息
二次电子	1. 高分辨率下的表面形貌 2. 电位衬度
透射电子	透射像
背散射电子	1. 低分辨率下的表面形貌 2. 原子序数衬度 3. 晶体去向衬度 4. 通道花样（确定晶体取向）
试样吸收电子	1. 表面形貌 2. 原子序数衬度 3. 晶体去向衬度 4. 通道花样（确定晶体取向）
特征 X 射线	任何部位元素分析图
阴极荧光	表面及透射模式的荧光图像
俄歇电子	轻元素分析图

SEM 具有如下特点：

（1）可以直观地查看大尺寸样品原始表面，形状任意，即使是粗糙表面也同样适用。

样品在 SEM 样品室中可动的自由度比较大，可以从各种角度对样品进行观察。

（2）具备大焦深和立体感丰富的成像效果。SEM 的焦深是透射电镜的十倍，并且比传统光学显微镜高出数百倍，因此能够产生很强的立体感。

（3）SEM 放大倍数的可变范围很宽，无需经常对焦，且可以观察样品相变、断裂等动态变化过程。

（4）SEM 观察时所用电子探针能量较小，因此电子照射而发生的样品损伤和污染程度很小。

2.2.2 扫描电镜仪器结构

扫描电镜仪器结构主要由电子光学系统、扫描系统、信号放大系统、成像显示系统和真空系统五个主要部分构成。

1. 电子光学系统

电子光学系统的作用是产生足够细的电子束照射到样品表面。该系统包括电子枪、电磁透镜、光阑、样品室等部分。为了确保较高的信号强度及扫描图像的分辨率，电子束应具有高亮度和束斑尺寸小的特点。

（1）电子枪。电子枪用来产生稳定的电子束。场发射电子枪（冷场和热场）是扫描电镜获得高分辨率、高质量图像的理想电子枪。

（2）电磁透镜。电磁透镜将电子枪发出的电子束缩聚成足够细的入射电子束，轰击样品表面。一般分为三级透镜，第一、二级为聚光镜，第三级是物镜。

（3）光阑。在聚光镜和物镜前面一般装有光阑，用于去掉一些不需要的电子。不同孔径的光阑可以提高束流或增大景深，从而改善图像质量。

（4）样品室。样品室中的样品台需能进行三维空间的移动、倾斜和转动，要求活动范围大、精度高。样品室四壁有数个可安装各种检测器的备用窗口，如二次电子、背散射电子检测器，能谱仪、波谱仪探头等，以适应多种分析要求。

2. 扫描系统

扫描系统由扫描信号发生器、扫描放大控制器和扫描偏转线圈等组成。扫描偏转线圈使电子束偏转，并在样品表面做光栅扫描。

3. 信号放大系统

信号放大系统用于捕捉由样品产生的各种物理信号，并通过一系列的技术手段将其放大到可测量分析的级别。闪烁体计数器能够有效测量二次电子和背散射电子，其主要核心组件为闪烁体、光导管和光电倍增管，具有低噪声、高增益、宽频带等测量优势，能够在复杂条件下实现对微弱信号的准确检测。

4. 成像显示系统

成像显示系统将接收信号放大系统所输出的调制信号，并转换成可在阴极射线管荧光屏上显示的图像，以便进行观察或记录。一般有两个显示通道：一个是用来观察的长余辉显像管，另一个是用来记录的短余辉显像管，分辨率较高。

5. 真空系统

电子在空气中传播，会和空气分子剧烈碰撞，电离气体分子，其物理效应及轨迹是无法预测的。因此，扫描电镜只能在真空中工作。电镜中必须尽量减少或避免电子与气体分子的碰撞，其真空度必须在 10^{-3} Pa 以上。真空系统能保证电子光学系统的正常运行，还有助于预防样品污染，并维持灯丝的使用寿命。

2.2.3 一般制样方法

一般来说，SEM 对样品的要求为：①样品表面清洁无毒；②保持样品原始形貌，观察面尽量平整；③样品干燥，不含水分或有机挥发物；④样品无磁性，表面无电荷累积；⑤样品大小适合仪器样品座尺寸，不能过大过高。其中，观察面平整，能确保观测景深比较集中；样品表面在一个相近的平面中，可以避免频繁对焦；样品干燥能确保真空度；样品无磁性能避免洛伦兹力干扰电子轨迹。

1. 块体样品

只要样品尺寸合适、能够安全固定放置在样品台上，就可进行测试。如需观察材料截面，可预先通过冲断、淬断、切片等方法获得断口并固定在样品座上。

2. 粉末样品

粉末样品需先将专门的导电胶涂覆在样品座上，然后将粉末样品或分散有粉末样品的悬浮液滴在导电胶上，待导电胶干燥后用洗耳球吹掉未黏住的粉末，即可进行 SEM 观察。

3. 绝缘样品

样品为绝缘材料时，电子束和绝缘体材料相互作用后会在表面聚集大量电子而使电镜图像出现白色的条纹区域，即荷电现象，这会严重影响对材料显微结构的分析。解决荷电现象问题的主要途径是在样品表面镀导电膜。比如进行一般形貌观察时，可蒸镀小于10 nm厚的金导电膜，金膜导电性好、二次电子发射率高、在空气中不氧化，有助于拍摄到质量好的电镜图片。

2.2.4 视场和成像调节技巧

要得到清晰的扫描电子显微镜图像，需要全面了解与图像质量相关的多种因素，从而选择合适的工作条件。

1. 束斑电流

束斑电流是表征入射束电子数量的参数，束流 i 与束斑直径 d 有下述关系：

$$d^2 = \frac{i}{0.25\pi^2\beta\alpha^2} \tag{2-4}$$

式中，β 是电子源亮度，α 是电子探针照射半角。当其他参数确定时，束斑尺寸受束流的影响，束流越大，束斑越大，图像分辨率下降，但入射至样品的电子数量会增加，能够激发出更多的信号电子，从而提高图像的信噪比；反之，束流减小，束斑减小，图像分辨率提高，但信噪比下降，噪点增多。因此，测试者需要根据实际测试需求找到一个平衡值，以获取最大的分辨率和清晰度。

2. 加速电压

加速电压的变化影响电子束波长和各种像差。加速电压升高，波长减小，像差减小，提高图像分辨率和信噪比；然而加速电压继续升高，样品内部激发信号太强，则会掩盖样品表面细节。另外，对于耐热性和导电性差的样品，如纤维、塑料或生物材料等，加速电压过高会导致样品热损伤及荷电效应，使图像出现异常。

3. 工作距离

工作距离是指成像系统与样品表面之间的距离。工作距离越小，样品表面的束斑越小，图像分辨率越高。缩放倍率和孔径半角变大，景深变浅，从而降低图像的立体感。因此，观察高分辨率图像时需选择小工作距离，获得精细的束斑和更高的分辨率。然而，当观察粗糙断面时，为了更好地展现断口的立体形态，需要较大的景深，使得整个断口都能清晰成像，因此需选较大的工作距离（20 mm 以上）。

4. 光阑

光阑孔径越小，意味着越多的电子被遮挡，会直接影响电子束的强度和分布。光阑孔径减小，孔径半角随之减小，进而增加了景深和图像的立体感，同时减少了像差，缩小了束斑，从而提升了图像的分辨率。但这也意味着，激发的信号电子数量也会减少，信噪比变低，降低成像质量和清晰度。因而，如果对拍摄图像的放大倍数没有严格的高要求，或者需要进行如能谱仪测量的微区化学成分分析时，应考虑使用较大的孔径光阑。

5. 扫描速度

扫描速度慢、时间长，电子束在每个入射点上驻留时间长，激发出来的信号电子数量多，信噪比高；反之，则信噪比低。然而，对于高分子或生物样品，一般要求扫描速度快，防止样品损坏或出现太强的荷电现象。

2.2.5 EDS 分析

能谱仪（Energy Dispersive Spectrometer，EDS）是 X 射线能量色散谱仪的简称。能谱仪能够同时快速得到各种样品微区内 Be－U 之间所有的元素并进行定性、定量分析。

EDS 有三种基本工作方式，一是点分析，电子束对样品表面选定的微区域进行定点扫描，以获取全谱数据。进行定性或半定量分析，常用于材料某点的成分分析。二是线分析，指电子束跟随样本表面预设直线路径扫描，此方法能够获得有关特定元素分布的均匀性。三是面分析，电子束在表面进行光栅式面扫描，以所含元素的特征 X 射线信号强度调制阴极射线管荧光屏的亮度，即可获得 X 射线扫描像。在面扫描图像中，不同元素分布可用不同颜色表示，元素质量分数较高的区域，图像中显示较亮，也可叠加显示不同元素的面扫描图像。面扫描分析可方便直观地将样品的形貌像和成分像进行对比分析。

2.2.6 科研实例

聚甲基丙烯酸甲酯（PMMA）在 350 ~ 1 600 nm 的宽波长范围内透射率均超过 80%，是一种导光性能非常好的聚合物纳米纤维材料。Zhang 等人选取染料香豆素 6（C6）和 Lumogen F Red 305（LR305）作为掺杂剂，利用一步拉制法制备出 C6 和 LR305 共掺杂的 PMMA 有源纳米波导。[7] 图 2－14 为不同直径的染料掺杂聚合物微纳波导 SEM 图片，从图中可以看出，聚合物波导直径分别为 250 nm、400 nm 和 850 nm。从图 2－14（b）中可以看出，纳米纤维具有良好的均匀性和侧壁光滑度，在长度 L = 700 nm 上，最大直径变化 $\Delta D \approx 20$ nm，说明纳米纤维表面没有明显缺陷。

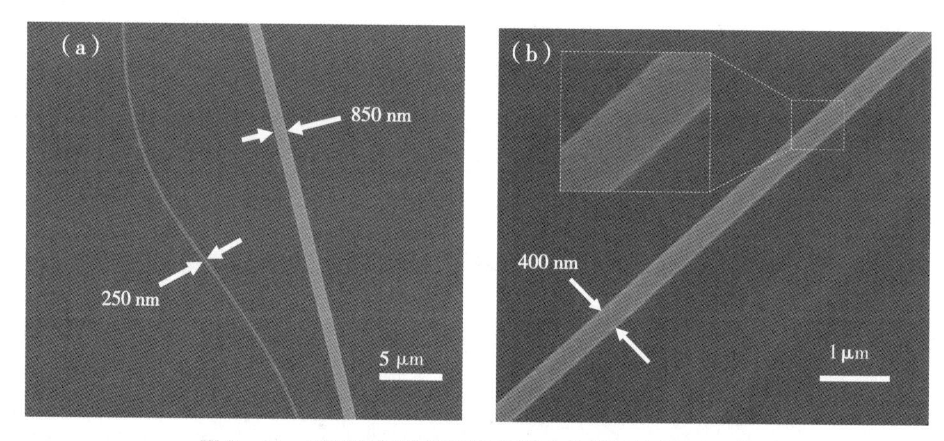

图 2－14　不同直径的染料掺杂聚合物微纳波导 SEM 图

对于结晶性较好的样品，我们能够通过扫描电镜图区分晶面。图 2－15 是利用水热法通过控制氢氟酸浓度制备的 TiO_2 微米片，可以清晰区分出样品的（0 0 1）面和（1 0 1）面。

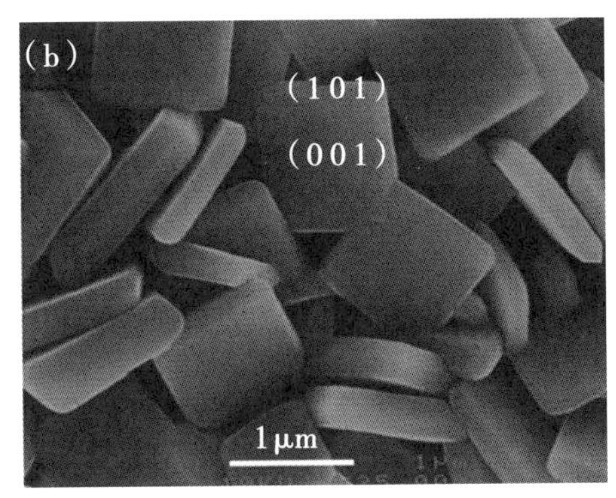

图 2－15 Anatase TiO_2 电镜图

Li 等人利用溶剂热法制备出氧空位掺杂的 WO_{3-x} 纳米线。[8] 图 2－16 为控制 WCl_6 前驱体溶液浓度（1、5、10、15 和 20 mg/mL）制备出的 WO_{3-x} 样品，分别记为 WO_{3-x}-1、WO_{3-x}-5、WO_{3-x}-10、WO_{3-x}-15 和 WO_{3-x}-20。由图 2－16 可见，随着浓度的增加，WO_{3-x} 样品形貌呈现出从分散纳米线到聚集的束状纳米线，再到微米级纳米片的变化趋势。

图 2－16 不同浓度前驱体制备出的 WO_{3-x} 纳米线扫描电镜图（标尺为 200 nm）

金属纳米结构具有非常好的导电性，通过溶剂蒸发自组装法制备出水平和垂直金纳米棒阵列，如图 2－17 所示[9]，其中水平金纳米棒阵列具有大范围的头对头的水平组装结构，而垂直金纳米棒阵列是金纳米棒肩并肩相邻的组装结构，暴露的端面是金纳米棒表面等离子体共振效应最强的区域，阵列结构均能形成丰富的“热点”，局域场效应显著增强。

图 2－17　金纳米棒阵列的 SEM 图

扫描电镜具有较大的景深和较高的放大倍数，因此在对凹凸不平的材料进行形貌分析时具有显著优势。德国 Yong Lei 教授开发出新型的二元孔阳极氧化铝（AAO）模板的制备方法。[10]首先，通过在铝箔的 A 面印迹上压印凹型图案并对其进行阳极氧化，得到方形孔。其次，将 A 面覆盖以 PMMA，翻转模板，除去 B 面未被氧化的铝箔并选择性刻蚀，在 B 面形成圆形孔道。最后，除去 AB 两面的屏障层，就得到通透的 AAO 二元孔模板。从图 2－18 可以清晰看到其孔道分布情况（分别用实线和虚线箭头表示）。

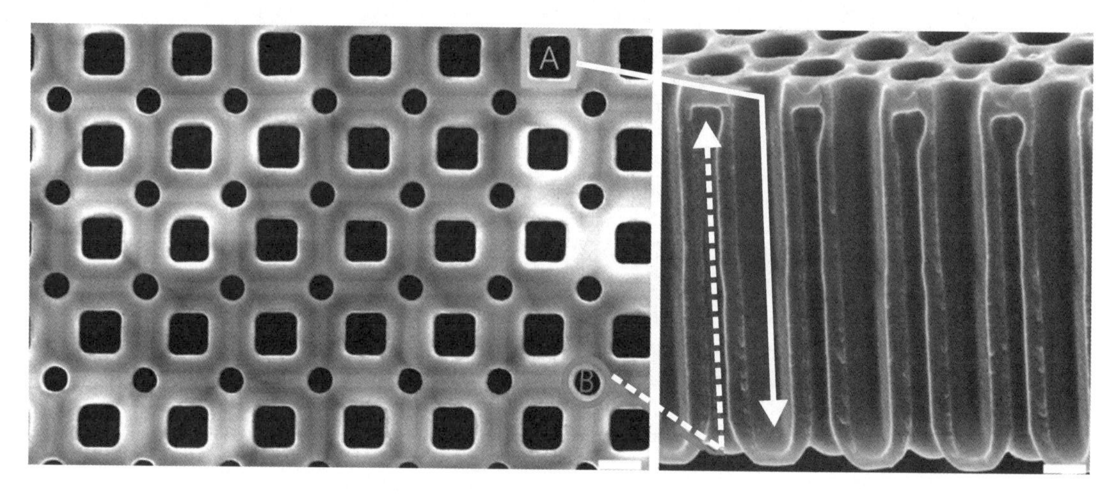

（a）A 孔方块，B 孔圆圈　　　（b）典型双面势垒层剖面

图 2－18　二元孔模板的 SEM 横截面图

Urbonas 等人使用先进的 silicon-on-insulator（SOI）硅技术处理平台制造出高对比度光栅（HCGs）波导。[11]对于芯片上方光纤的光输入和光输出耦合，他们在每个波导的开始和结束处添加微米尺寸的硅块，从而能够提供来自/到波导的可控垂直散射，而不会在感

兴趣的光谱范围内引入明显的测量伪影。但是由于 SiON 的特定生长，实际制造的器件显示还是存在几个几何伪影，比如 HCG 顶部的凸起［见图 2－19（c）］，HCG 结构之间的空隙和 HCG 的锥形［见图 2－19（e）］。图 2－19 为制备的 HCG 波导顶部的 SEM 图像，图 2－19（b）为对应于图 2－19（a）中实线波导切割面的 SEM 倾斜视图，图 2－19（c）为图 2－19（b）中虚线区域位置放大的 SEM 图像，图 2－19（d）为利用聚焦离子束切割后光栅截面的 SEM 图像，对应图 2－19（a）中虚线的位置，图 2－19（e）为图 2－19（d）中虚线区域位置放大的 SEM 图像。

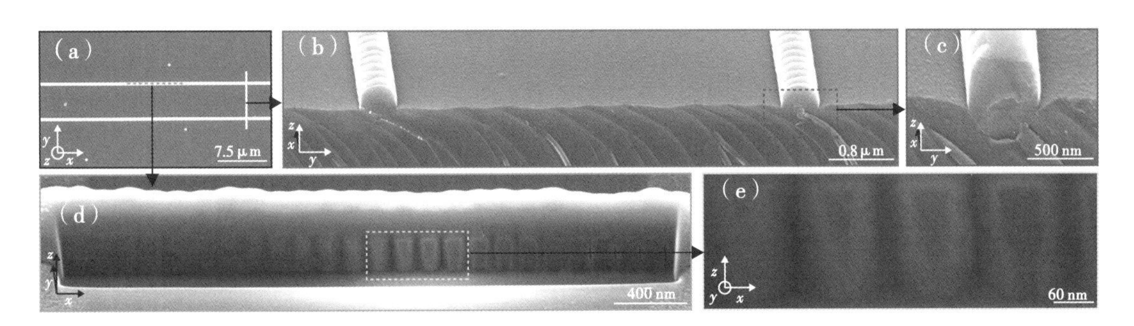

图 2－19　高对比度光栅波导 SEM 图

扫描电镜还可用于观察生物的精细结构及复杂的立体表面形态，对藻类、细菌、癌细胞在生命周期中的表面变化进行观察。此外，将扫描电镜与现代冷冻技术相结合（通过样品冷冻断裂暴露不同层面，如膜、细胞和细胞器之间的结构）可获得生物样品完整的剖面，对研究生物样品的内部结构提供了支持。图 2－20（a）和（b）分别是利用扫描电镜观察大肠杆菌以及小鼠肝脏细胞内线粒体的形貌图。

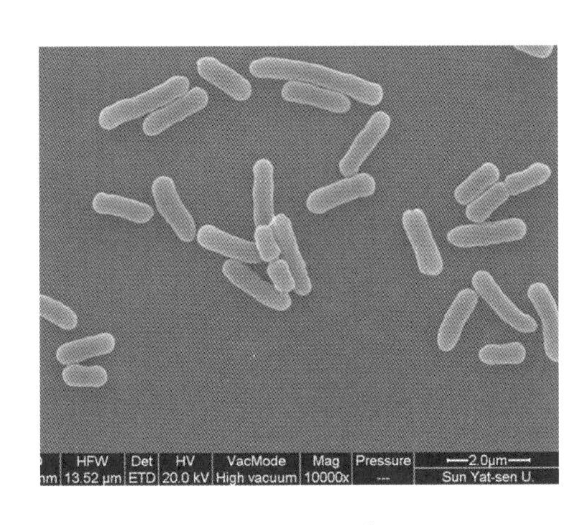

（a）大肠杆菌

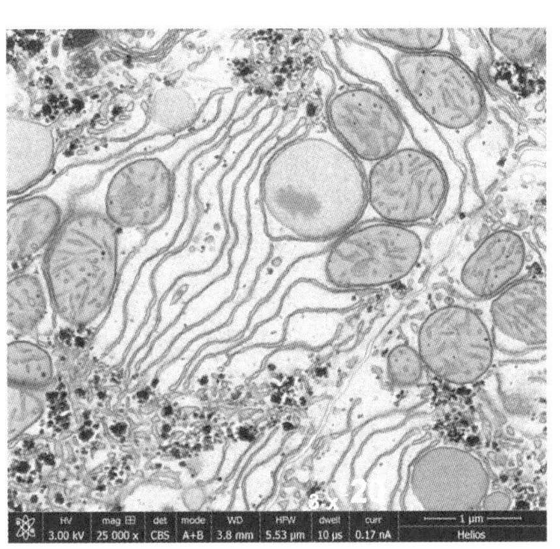

（b）小鼠肝脏细胞内线粒体

图 2－20　微生物 SEM 图

2.2.7 常见问题解答

1. 注意事项

在观察样品表面形貌的时候，应注意以下几点：

（1）将试样置于载物台垫片，调整载物台位置，找到要观察的视野，旋转粗调和细调旋钮以调整焦距，直至所要观察到的图像变得清晰。

（2）在调整亮度时，应避免剧烈波动，不应过分明亮，以免缩短灯泡的使用寿命并损害视力。

（3）电镜使用过程中死机、点击界面菜单不工作，可能是因为电镜长时间工作造成电器元件过热。因此一般电镜使用时，房间温度控制在 20 ℃左右，将仪器全部关机 10 分钟再开机即可。

2. 问题解答

（1）样品导电性对拍摄图像有何影响？

样品导电性差，自由电子累积会在样品局部形成静电场，影响正常电子信息的溢出，产生荷电效应，导致样品图像局部异常明亮或黑暗、图像畸形、图像漂移等现象。一般可以通过喷金（碳）、导电染色等方法增强样品导电性，测试时降低加速电压、减少电子束流，在发生荷电效应之前快速观察、聚焦拍摄来克服问题。

（2）喷金后，对样品形貌是否有影响？

样品表面喷金后，只是在其表面覆盖了几个到十几个金原子层，厚度只有几个纳米到十几个纳米，对于样品形貌表征来说几乎没有影响。

（3）扫描电镜放大倍数可达多少？

场发射扫描电镜放大倍数范围为 25 ~ 650 000 倍，在加速电压为 15 kV 时，分辨率可高达 1 nm；加速电压为 1 kV 时，分辨率也可达到 2.2 nm。一般钨丝型的 SEM 放大倍数可到 20 万倍，但在实际操作中放大倍数往往没有那么高。

2.3 原子力显微镜形貌分析

原子力显微镜（Atomic Force Microscope，AFM）通过探测材料表面与力敏感元件两者之间的极其微弱的相互作用力（$10^{-8} \sim 10^{-12}$ N），来研究物质的表面结构及性质，以极低的样品损伤和原子级的高分辨率得到样品表面形貌和粗糙度等其他信息。此外，AFM 能在不同环境中操作，如真空、大气、液相及电性等，且适用于金属、细胞、高分子聚合物等不同物质，目前已经广泛应用于物理、化学、生命科学、材料和表面科学等领域。

2.3.1　仪器结构与工作原理

AFM 主要由力检测部分、位置检测部分、反馈系统三部分组成，如图 2－21 所示。

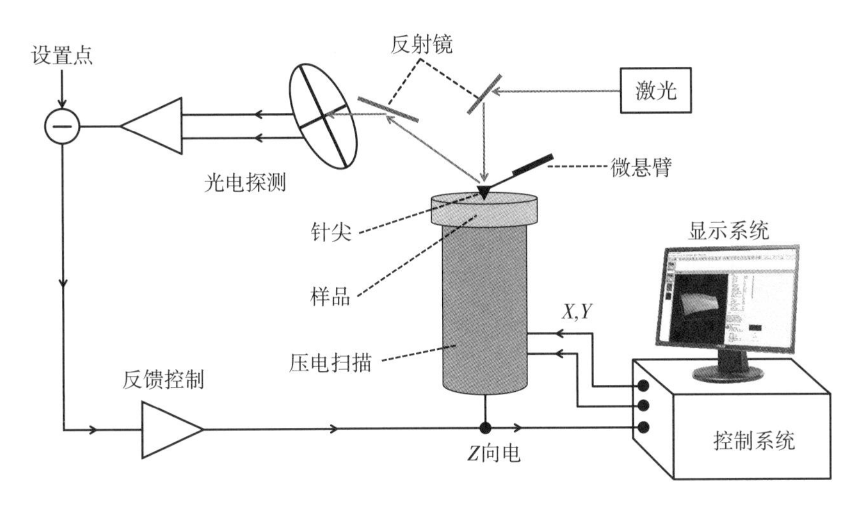

图 2－21　AFM 结构示意图

力检测部分主要包括微悬臂和针尖，微悬臂通常是由硅片或氮化硅片制成的对微弱力极敏感的弹性臂，长 100～500 μm，厚 500 nm～5 μm，其顶部有一个锐针尖，可以用来检测针尖与样品之间的相互作用力。

位置检测部分主要包括二极管激光器和光斑位置检测器。当探针针尖与被测试样品之间有相互作用力后，微悬臂将会发生一定的起伏运动。聚焦后的激光束照射在微悬臂的末端，并反射到光电二极管的光斑位置检测器。由于微悬臂状态随样品表面形貌改变发生变化，反射光束也会产生偏移。

反馈系统根据检测器信号进行内部调整，驱使压电陶瓷三维扫描器不断发生移动，此时针尖与样品始终保持有一定的作用力，最后显示系统再将样品表面形貌改变特征呈现出来。

AFM 有三种基本成像模式，以针尖与样品间作用力的形式来分类，如图 2－22 所示。

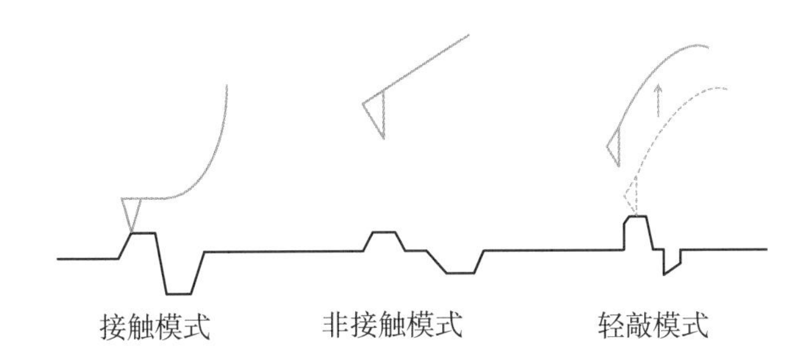

图 2－22　AFM 基本成像模式图

（1）接触模式：扫描时针尖与样品表面距离小，利用原子间的斥力来获得稳定、高分辨率图像。但是这种模式中样品容易变形、针尖受损，并不适用于生物大分子或表面柔软、易变形的材料。

（2）非接触模式：扫描时控制针尖与样品距离 5 ~ 20 nm，该模式利用原子间的吸引力，不损伤样品表面，可测试表面柔软样品，但是存在分辨率低、易发生误判现象的问题。

（3）轻敲模式：扫描时探针在 Z 轴维持固定频率振动，控制其间接性地与样品接触，集合了接触和非接触模式的优点，减少了对样品的破坏，又提高了分辨率。但由于需要使用高振幅频率扫描，扫描时间更长。

2.3.2 一般样品制备

AFM 可以对生物细胞、固体、聚合物分子等进行检测，样品载体也很丰富，例如玻璃片、二氧化硅、生物膜、云母片等，其中较为常见的有平整且容易处理的云母片以及抛光硅片。但是抛光硅片需要先使用浓硫酸与 30% 过氧化氢 7∶3 的混合液进行清洗预处理，温度设置为 90 ℃，时间为 1 h。电性能测试时，需要使用导电性较好的石墨或镀有金属的载体。

AFM 测试时，粉末样品制备常用的是胶纸法，如图 2－23 所示。将双面胶纸粘贴在样品座上，把粉末撒到胶纸上，用洗耳球吹去未粘贴上的多余粉末即可。制备块状样品时，需注意固体样品表面的粗糙度，如晶体、玻璃、陶瓷等固体样品需要抛光；制备液体样品时，将样品分散液滴涂或旋涂于云母片上并自然晾干，注意溶液浓度不能太高，否则粒子发生团聚时会损伤针尖；制备生物样品如 DNA 时，由于其与云母片一样表面带负电，可以先用硅烷化试剂对云母片进行表面氨基修饰，再通过静电作用使样品吸附在云母片表面。

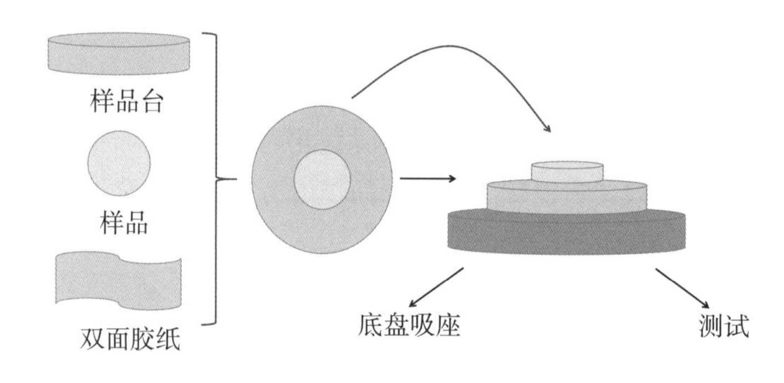

图 2－23 胶纸法制样流程图

一般样品制备要求：

（1）样品表面应保持干净、平整和均匀，污染物或不均匀表面都会影响测试的准确性。

（2）样品必须保持干燥，如果样品表面有水分或其他液体，可能会影响测试结果或损坏针尖。

（3）样品大小和高度一般不超过 1 cm。

2.3.3 表面形貌三维分析

AFM 可以对样品表面进行三维形貌表征分析，从而清晰得到样品相关信息，例如颗粒尺寸、表面粗糙度、孔径结构分布、平均梯度等。其横向分辨率高，为 0.1 ~ 0.2 nm，纵向分辨率为 0.01 nm，可以看出 AFM 与 SEM 的横向分辨率相近，但是相较而言 AFM 更能完整地呈现样品的深度变化。由于 AFM 能够将样品表面存在高低起伏的变化转变为数值形式呈现出来，因此可以对样品形貌进行三维模拟分析，来得到清晰直观的信息。从图 2 - 24 可以清楚看到二氧化硅增透薄膜表面的三维形貌。

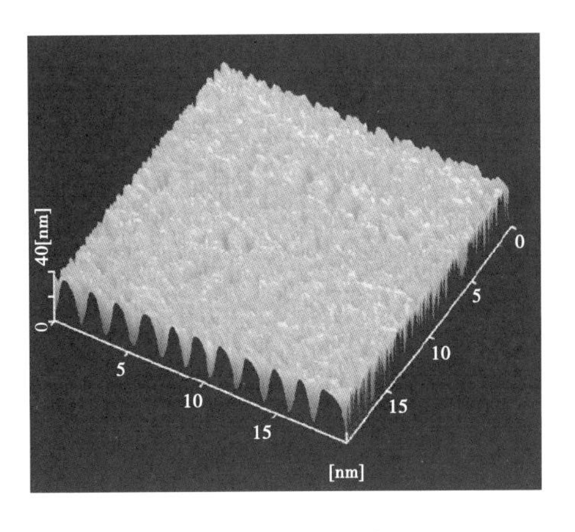

图 2 - 24　二氧化硅增透薄膜的 AFM 图

半导体加工工艺中，由于要精确确定刻蚀的深度和宽度，因此对高纵比结构如沟槽、孔洞或台阶的测量是非常重要的。AFM 可以对高纵比结构进行无损测量，而 SEM 只能沿截面切开才可以测得相关数据，且 AFM 还可以在超高真空、气体、溶液环境下工作，为半导体加工工艺提供了更多的选择。图 2 - 25 是扫描范围为 4 μm × 4 μm 的光栅 AFM 图像，利用 Profile 功能可以定量测得刻槽的宽度和深度。

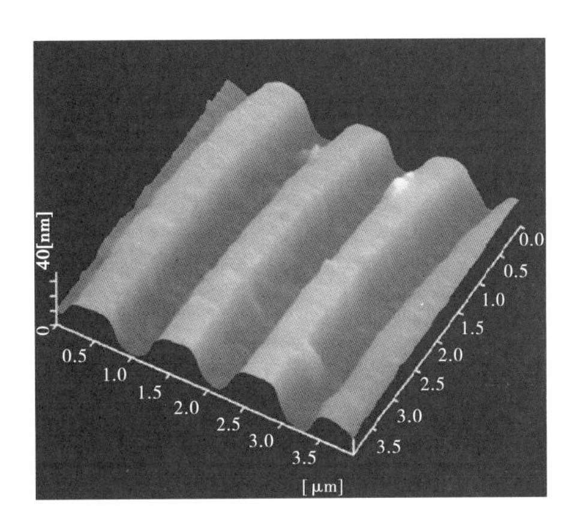

图 2 - 25　光栅 AFM 图

2.3.4 表面粗糙度分析

AFM 利用其先进扫描技术和分析方法可以对膜样品的表面图像进行分析，得到其粗糙度参数，还可以观察反渗透膜并研究其表面粗糙度与膜透过通量之间的关系。研究发现随着膜表面粗糙度增强，膜的水通量往往会增大，这主要是由于粗糙表面增大了膜的有效面积（水分子能够有效接触并通过的膜面积）。我们用 AFM 研究膜表面时还发现，膜表面的粗糙区可分为晶形区和非晶形区，且膜表面的不规整性还会影响膜的物理化学性质。

AFM 选用合适的数据分析软件能得到测试区域内粗糙度各表征参数的统计结果。表面粗糙度一般采用美国机械工程协会的 ASME B46.1 分析标准进行定量分析。表面平均粗

糙度 R_a是指在取样长度内，轮廓偏离平均线的算术平均值；最大高度粗糙度 R_{max}是指在一定长度内，轮廓曲线图中相对中心线的最高点与最低点之间的最大高度差，用于标识表面的最大不平整度；均方根粗糙度 R_q是在取样长度内，轮廓偏离平均线的均方根值，它是对应于平均粗糙度的均方根参数。计算机能够根据高度数据自动计算出表面平均粗糙度 R_a、最大高度粗糙度 R_{max}和均方根粗糙度 R_q。

2.3.5 表面电势测量

扫描开尔文探针显微镜（Scanning Kelvin Probe Microscope，SKPM）是一种特殊的 AFM 成像方式，可以用其测量样品的表面电势。SKPM 模式是使探针首先在样品表面进行第一遍的轻敲成像，这时得到的是样品的三维形貌信息；然后探针在距离样品表面一定距离（可用力曲线来确认）的位置再扫一遍，从而得到电位信息。

对 SKPM 来说，任何样品都能进行测试，但是测试环境最好是在空气中，因为液体离子电场会影响电势，所以难以在液相中得到准确结果。需要注意的是，导体、半导体和绝缘体样品的测试都需要接地。这是因为在探针和样品之间施加偏压时，导体中的电子可以快速地通过接地流走；而半导体和绝缘体容易受到针尖影响（针尖注入电荷）而使得测试结果不准确。另外，导体的测试可以接受在斥力模式下进行，而半导体和绝缘体的测试需要相位图的结果，所以需要尽可能在引力模式下进行。在 SKPM 工作时，探针和样品周围的静电势是相等的，即：

$$V_{tip} - Wf_{tip} = V_{sam} - Wf_{sam} \tag{2-5}$$

$$V_{tip} - V_{sam} = Wf_{tip} - Wf_{sam} \tag{2-6}$$

其中，V_{tip}是探针的偏压，Wf_{tip}是探针针尖材料的功函数。V_{sam}和 Wf_{sam}是材料的偏压和功函数。

一般情况下，可以使用高取向热解石墨（功函数值是固定已知的）来先测试使用探针的功函数，然后用已知功函数的探针去测试样品，就可以得到样品功函数。注意原子力测试的 SKPM 结果是接触电势差 $V_{tip} - V_{sam}$。

2.3.6 晶体生长动力学研究

AFM 由于具有高的分辨率以及可以在大气、液体等多环境下工作的能力，能够实时提供晶体生长界面的原子级分辨图像，从而实现晶体生长过程动力学研究，促进晶体生长理论的发展，也有利于指导晶体生产实践。美国西北大学研究人员 Chad Mirkin 利用涂有多聚物的 AFM 探针触发了一种多聚物晶体的生长并实时观察和控制生长过程。[12] 他们在新切割的云母衬底上使用尖端涂覆了多聚赖氨酸（PLH）的 AFM 探针作为沉积工具进行光栅扫描实验。AFM 尖端在轻敲模式下，以低于其谐振频率（300 kHz）的振荡频率对云母片表面 8 μm × 8 μm 区域进行扫描。如图 2－26（1）所示，在扫描过程中逐渐形成两类大小不同的等边三角棱柱 a 和 b，其中一类（b）三角形边长为 320 nm，厚度为 21.8 nm；另外一类（a）三角形边长为 1.62 μm，厚度为 16.5 nm，化学成分分析证明其为 PLH。在轻敲模式下（扫描速率 2 Hz）扫描尖端时，可以观察到两颗种子晶体的不断生长和新晶体的形成，如图 2－26（1）~（6）所示。在相同条件下，晶体的生长过程非常相似。所有观察到的结构都是等边三角形，而且晶体厚度和边长会随着扫描次数或尖端与衬底接触时间的增加而增加。对照实验表明，如果将云母衬底直接置于 PLH 溶液中也很难生长出形貌规整的三角棱柱，由此证明，尖端调制的结晶过程可以有效控制分子的传递和随后的晶体生长动力学，其主要作用是控制结晶位置和结晶 PLH 的高浓度。这种控制和监测晶体生长动力学的方法可用于研究环境诱导的晶体形态变化。研究发现，当温度升高到 35 ℃时，使用 PLH 涂覆 AFM 尖端扫描制备的三棱柱晶体结构边缘出现立方体形状。

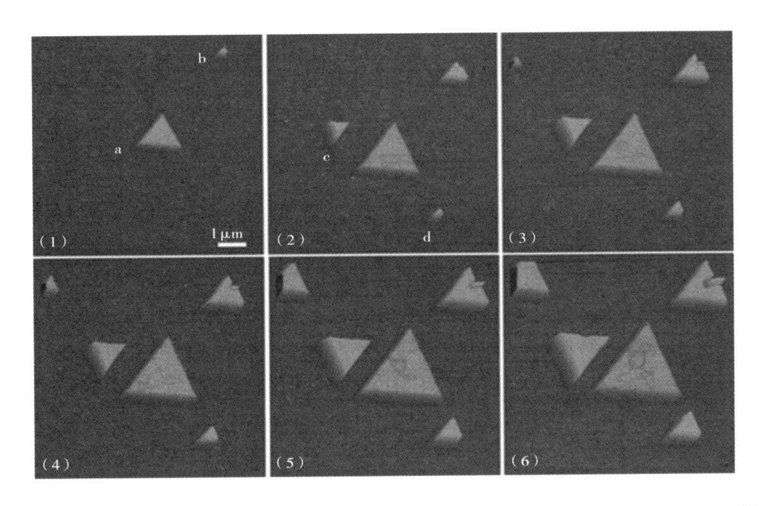

（1）~（6）是在轻敲模式下每隔 256 s 扫描获得的一系列云母片 8 μm × 8 μm 区域的三维 AFM 形貌图（相对湿度 30%，温度 20 ℃），选择晶体（标记为 a，b，c，d）进行动力学研究

图 2－26　AFM 调控三棱柱 PLH 晶体生长及其动力学研究

2.3.7　图像数据处理

一些成熟的 AFM 设备除了配备相应的扫描控制软件之外，还会配备图像后处理软件，比如 Bruker 公司 AFM 设备往往配备扫描控制软件 Nanoscope 及图像后处理软件 Nanoscope Analysis，如图 2－27 所示。用户可在相应图像处理软件完成一些基本的图像处理操作，如校平、3D 视图、截面分析、统计分析、频域分析、图像输出等。然而，此类软件往往因设备商本身能力不同而导致质量参差不齐、功能受限，且不便于用户随时随地多终端使用。以 Nanoscope Analysis 为例，介绍 AFM 图像处理最常用的三种方法。

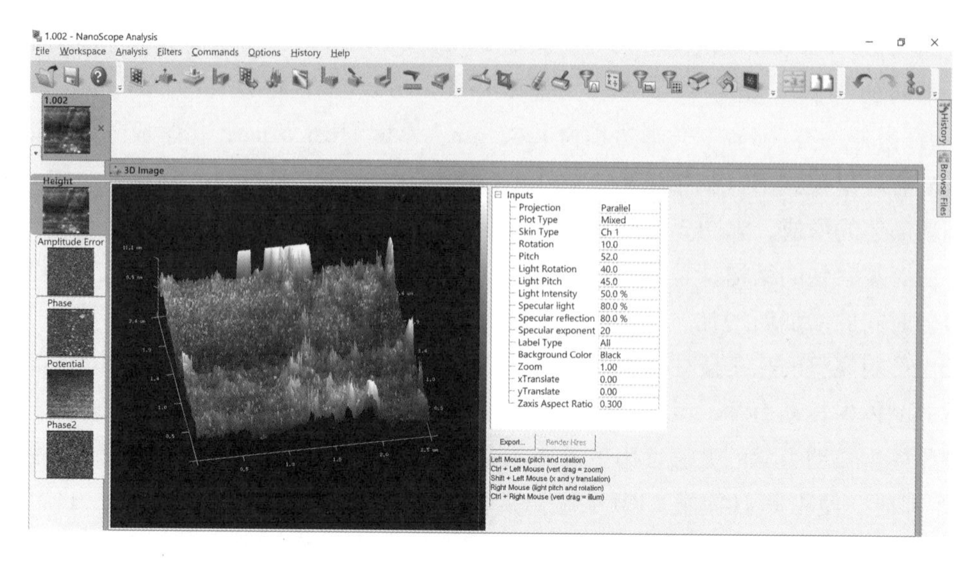

图 2－27　Nanoscope Analysis 图像处理软件界面

1. **图像拉平** Plane Fit

由于信号失真的存在，比如针尖不总是完美地和样品垂直、扫描管的非线性以及存在热漂移等，原始数据会受到不同扫描线之间绝对高度的偏差、扫描线倾斜、平面扭曲等许多干扰因素的影响，导致无法直接使用。因此，原子力显微镜图像处理的第一步是逐行拉平，以修正图像采集过程中的一些失真信息。

其中，Plane Fit 的作用是将形貌图整体拉平，消除图像的倾斜或球面，便于观察我们感兴趣的形貌特征。点击 Plane Fit 工具按钮，可选择几阶操作：0 阶拉平让图像平均值变为0，但形状不变；1 阶拉平让图像平均值变为0，并消除倾斜（见图2－28）；2 阶拉平能够补偿弧形或波浪线扭曲、消除弯曲（二阶多项式曲面）。

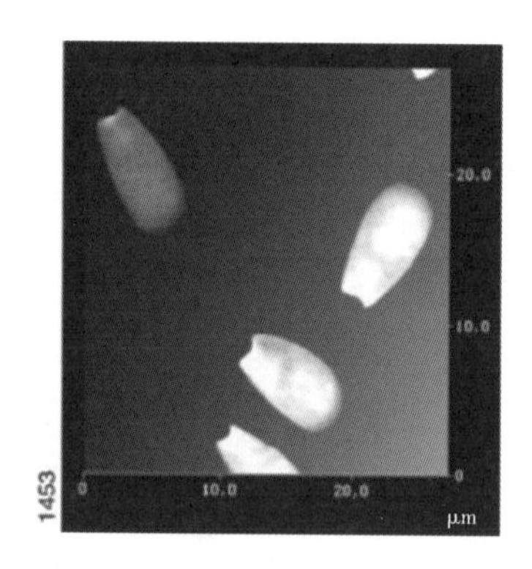

（a）图像拉平之前

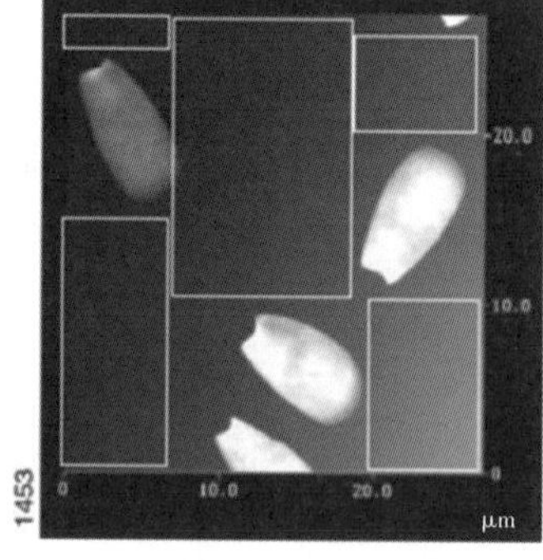

（b）使用光标选择要包含在平面拟合计算中的区域

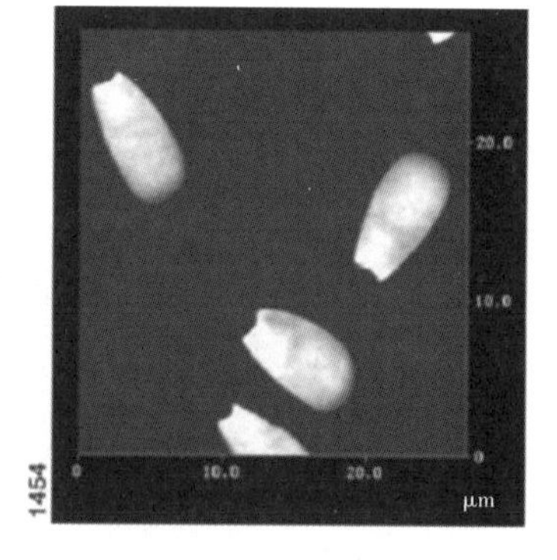

（c）在选定区域 *X* 和 *Y* 平面 1 阶拉平后的图像

图 2－28　选择 Plane Fit 后经 1 阶拉平的处理示例

2. 图像拉平 Flatten

AFM 图像是由逐行扫描的数据拼接成的，有时候行与行之间会有错位，而 Plane Fit 虽然修正了图像整体的倾斜，却无法调平线与线之间的错位。而 Flatten 处理的实质则是通过多项拟合每一条扫描线，将扫描线逐一对齐，来修正信号失真的图像。

点击 Flatten 工具按钮，打开界面中 Flatten Order 选项选择几阶操作：0 阶拉平让上下对齐，消除扫描线间的差异；1 阶拉平消除由于温度或样品产生的漂移，将斜面拉平；2 阶拉平消除由于扫描仪的磨损而造成的扭曲（二阶多项式曲线），如图 2－29 所示。

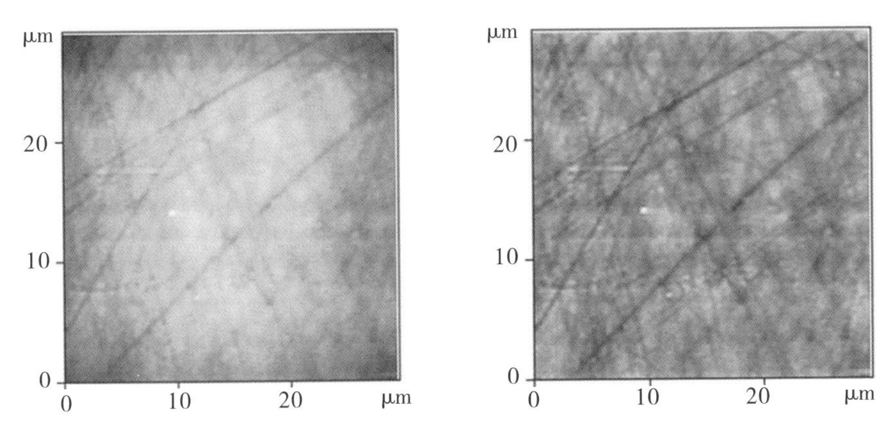

图 2－29　选择 Flatten 后经 2 阶拉平的处理示例

3. 擦除坏线 Erase

去除图像中的噪声线，利用插值的方法将坏线的数据点用其上一行和下一行数据的均值替换。

点击 Erase 工具按钮，选中工具后直接选择要处理的线，点击 Execute 执行操作（见图 2－30）。但是，过多的 Erase 可能造成图像失真。若坏线太多，建议重新扫图，不能过度依赖 Erase 操作。

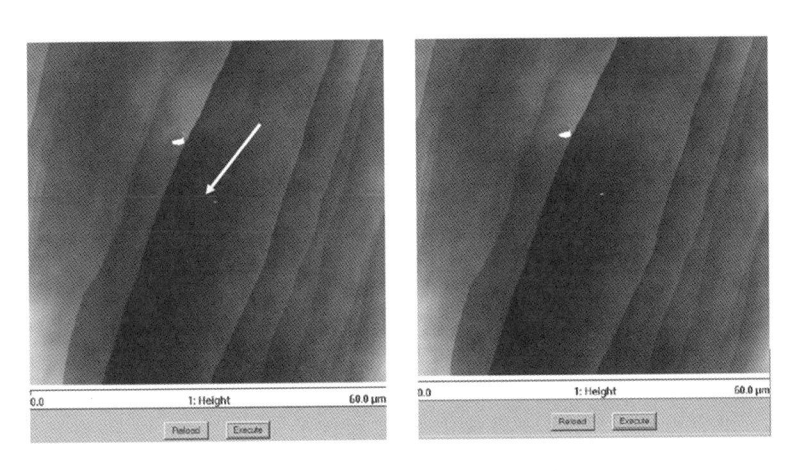

图 2－30　选择 Erase 的处理示例

2.3.8 科研实例分析

1. 二硫化钨/六方氮化硼异质结构

Ren 等人利用六方氮化硼（h-BN）优异的介电性能，设计了一种通过范德华力（VdW）叠层的六方氮化硼/二硫化钨/六方氮化硼异质结（WS_2/h-BN）新型微盘光腔。[13] 图 2-31 为 WS_2/h-BN 异质结构的 AFM 形貌图，其中线条轮廓显示的是 WS_2的厚度。AFM 图清晰显示，单层 WS_2的厚度为 0.83 nm，均方根粗糙度为 0.19 nm。VdW 异质结构的原子平滑界面几乎不产生光散射，因此可产生高 Q 值的光腔。顶部和底部的 h-BN 厚度相近，因此 WS_2单层可以位于光子模式的场最大值处。

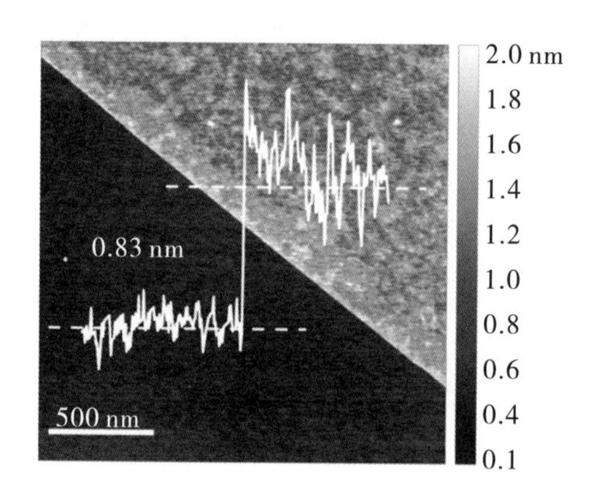

图 2-31 WS_2/h-BN 的 AFM 形貌图

2. TMD 二维材料的层数分析

Lee 等人对固定在超平导电金表面（均方根粗糙度小于 0.2 nm）和氧化铟锡（ITO）基底（均方根表面粗糙度小于 0.7 nm）上的少层（1~5 层）MoS_2进行了导电原子力显微镜（CAFM）观察，以此形成了一个垂直金属（CAFM 尖端）—半导体—金属结构，并且电流随着层数的增加而增加，MoS_2最多可达 5 层，如图 2-32 所示。[14] 图 2-32（a）和（b）显示了 MoS_2的光学图像和相应的接触模式原子力显微镜图像。从其高度剖面图［(见图 2-32（b）（c)］中，可以清楚地观察到 1~5 层的 MoS_2片状结构。在进行导电原子力显微镜表征和光电导原子力显微镜（PCAFM）测试之前，测量了模板剥离金导电（TS-Au）和氧化铟锡基底的均方根粗糙度，分别为 0.3 nm 和 0.7 nm。TS-Au 的超光滑表面与六方氮化硼的表面粗糙度相近，非常适用于原子平面衬底。图 2-32（d）的左侧和右侧插图分别显示 TS-Au 和 ITO 表面轻敲模式下的 AFM 图像，也比较了两者的高度分布直方图，证实了 TS-Au 产生的表面均匀光滑、半高宽分布较窄，而 ITO 表面的分布和粗糙度要大一个数量级。研究发现，采用超平导电金表面作为剥离 TMD 材料的基底，对于观察

MoS_2晶体的电学和光电特性非常重要。

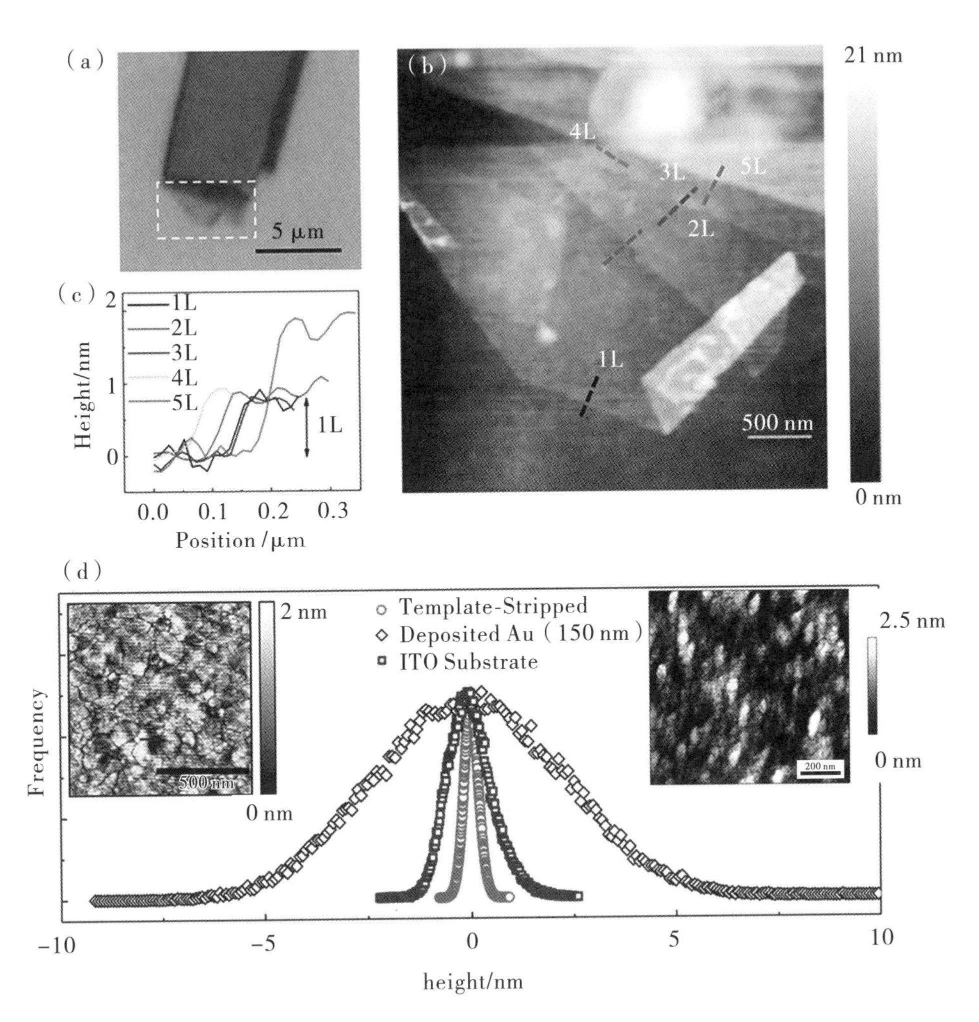

(a) 在新剥离的 TS-Au 表面上的 MoS_2样品的光学图像；(b)(a) 图中标记区域相应的 AFM 接触模式下的高度剖面图；(c) 沿 (b) 中虚线提取的高度剖面 AFM 数据；(d) AFM 测量的 TS-Au、TE-Au 和 ITO 衬底的高度分布直方图。插图为 TS-Au 和 ITO 表面轻敲模式下的 AFM 图像（扫描区域的面积为 1 μm × 1 μm）

图 2-32 MoS_2原子力显微镜表征

3. 表面电势分布

Arunima 等人通过有效加入氧化物（WO_3）纳米粒子，开发出了具有更强自清洁和防腐蚀特性的热浸电镀（ZnAl）涂层。[15] 单独 ZnAl 涂层和不同成分的 WO_3纳米粒子掺杂涂层的 SKPM 图像，如图 2-33 所示。对于单独的 ZnAl 涂层，记录到的最低和最高电位值分别为 -1.12 V 和 -0.96 V。ZnAl- 0.1WO_3、ZnAl- 0.2WO_3 和 ZnAl- 0.5WO_3 涂层的相应值分别为（-0.72 V、-0.62 V）、（-0.68 V、-0.56 V）和（-0.76 V、-0.66 V）。加入0.2 wt% WO_3纳米粒子的涂层显示出更高的电位值，表明其防腐性能得到改善。超过这个比例（ZnAl-0.5WO_3涂层）的电位值升高可能是由于WO_3纳米粒子在熔融锌槽中发生聚集，进而导致纳米粒子在涂层中分布不均匀。此外，团聚纳米颗粒的加入会降低锌沉积的程度（与ZnAl样品相比），从而导致涂层厚度降低。以上研究发现0.2 wt%的WO_3纳米粒子是获得更好涂层性能的最佳浓度。

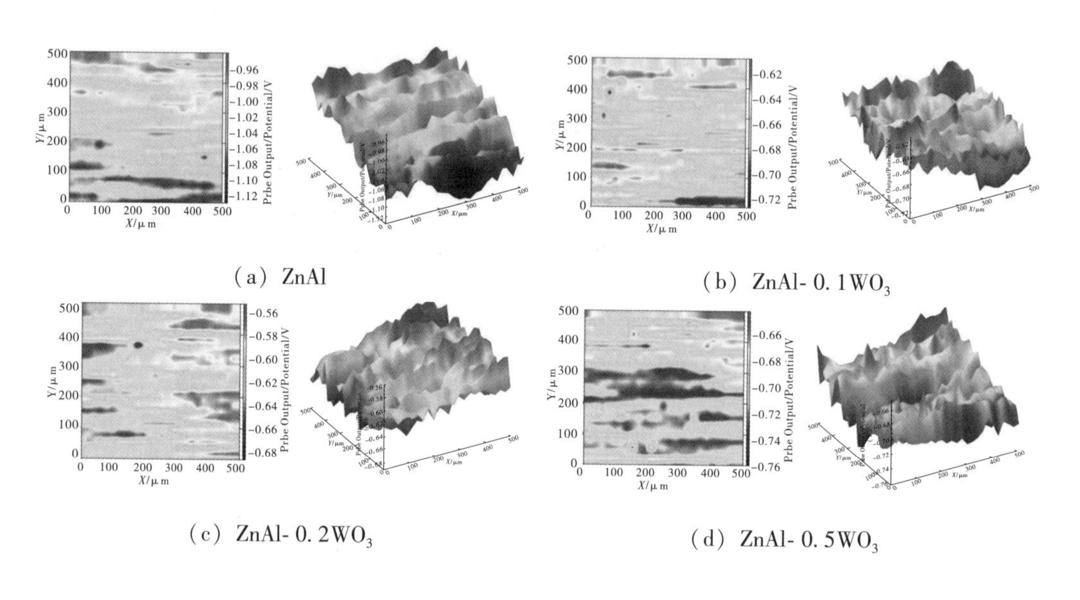

（a）ZnAl

（b）ZnAl-0.1WO_3

（c）ZnAl-0.2WO_3

（d）ZnAl-0.5WO_3

图2-33　涂层的表面电势分布图

Tian等人提出将电子富集能级诱导的等离子体钨酸铋纳米点（BWO-NDs）通过溶剂热法原位可控生长在TiO_2纳米片（TO-NSs）上，形成等离子体异质结构15%-BWO-NDs/TO-NSs。[16]为了验证光电子在异质结表面的富集效应，他们通过原子力显微镜测试样品表面电位的变化，进而推断出光开关过程中结构表面电子浓度的变化（见图2-34）。光照前，15%-BWO-NDs/TO-NSs表面电位保持稳定。紫外—可见光照射15 s后，表面电位有明显下降，证明表面电子浓度在光照后明显提高。结束光照后，每隔10 min记录样品的表面电位变化直至达到稳态。研究发现，随着时间的延长，钨酸铋的表面电位明显增加，表明表面积累的光电子在不断减少，证明了等离子体半导体钨酸铋的表面存在耗尽层。而对于15%-BWO-NDs/TO-NSs样品，表面电位虽然也展现出相似的增加趋势，但增加速度明显较慢，证明异质结中TiO_2光生电子的注入提高了表面电子浓度，降低了表面耗尽层的影响，能够使样品表面维持较高的电子浓度。

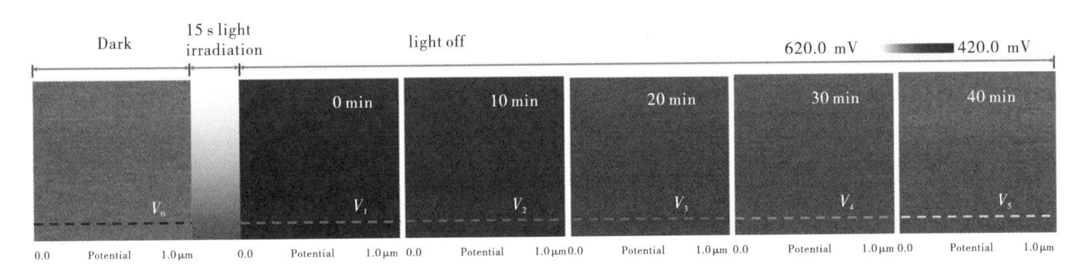

（a）15%-BWO-NDs/TO-NSs 在光照 15 s 前后随时间变化的表面电势图

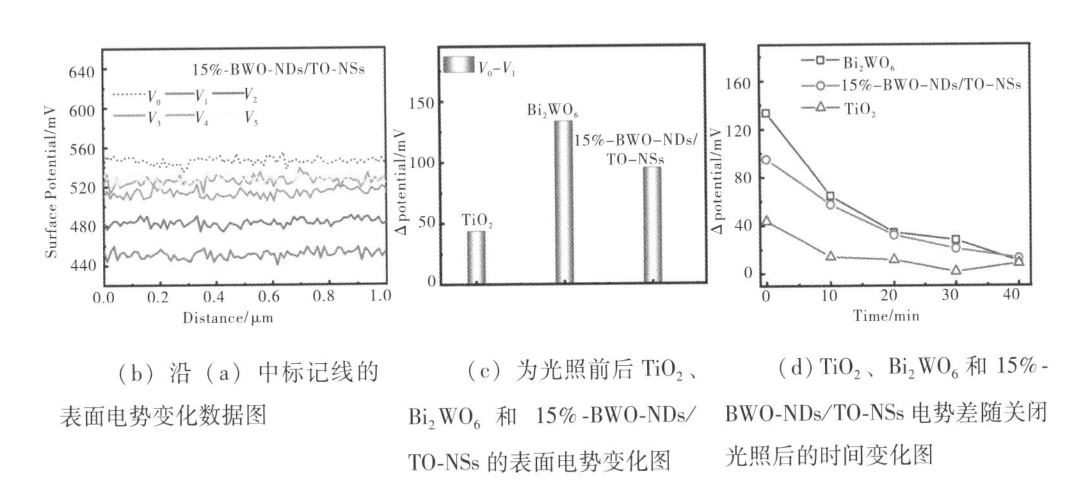

（b）沿（a）中标记线的表面电势变化数据图

（c）为光照前后 TiO_2、Bi_2WO_6 和 15%-BWO-NDs/TO-NSs 的表面电势变化图

（d）TiO_2、Bi_2WO_6 和 15%-BWO-NDs/TO-NSs 电势差随关闭光照后的时间变化图

图 2－34 原子力显微镜表征光催化剂表面电势变化

2.3.9 常见问题解答

（1）粉末/液体样品需要在分散剂中溶解吗？易氧化、易潮解的样品该如何处理？

粉末/液体样品需要在分散剂中溶解，一般使用水或乙醇进行超声分散。超声时长一般不超过 20 min，长时间超声可能对样品产生影响。由于样品的稳定性对测试结果有影响，因此易氧化、易潮解的不稳定样品需要密封保存。

（2）为什么 AFM 测试样品的颗粒或者表面粗糙度不能过大？

一般来说 AFM 仪器测试的 Z 相范围为 10 μm 左右（有些仪器可能只有 2 μm），因此表面起伏过大的样品可能会超出仪器扫描范围，另外粗糙度比较大的样品也会导致针尖磨钝或受到污染，对图像质量有很大影响，且针尖磨损修复会增加耗材成本。

（3）什么是相图？如何分析相图？

相位模式并不属于轻敲模式，而是轻敲模式的重要扩展技术之一。在实际检测中，实际微悬臂探针振动的相位角会受到样品的成分、模量以及硬度的影响，从而与驱动微悬臂探针振动的信号源的相位角存在差异，因此，相位模式就是利用两者相位角之差（即相移）来成像，以此来获得样品表面纳米尺度局域信息。值得注意的是，相位模式必须和形貌图相结合进行观察分析，才能得到更准确的信息。简单来说，如果两种材料从 AFM 形貌上来说，对比度比较小，但又需要进行区分，就可以结合二维形貌图和相图说明，当然前提是两种材料的物理特性较为不同，相图有明显对比信号才行。

（4）样品导电性不好能测 AFM 吗？需要喷金处理吗？

AFM 常规测试项目对样品的导电性没有要求，不导电的样品也是可以测试的，不需要做喷金处理，但是部分电学模块的测试，比如 SKPM，是需要样品导电的，但金颗粒有一定尺寸，喷金后可能会对形貌产生影响，因此一般不建议喷金处理。

（5）AFM 接触模式下，扫描范围越大，对针尖损坏越大吗？

扫描范围大的情况下考虑样品表面会出现较高起伏可能对探针造成磨损，另外，扫描范围接近最大范围 93 μm 时会对扫描管造成损伤。

（6）AFM 图上出现波纹状结构是什么原因呢？

AFM 图上出现波纹可能是由于激光干涉或机械振动，可以根据条纹的数量确定是高频还是低频噪声。若为激光干涉，需要重新调节激光的位置；若为机械振动，需检查气浮台和真空吸附开关是否打开。

（7）*Z* Range 反映的是什么参数？

Z Range 是扫描过程中 *Z* 方向的取值范围，如果该值过大，可能导致图像模糊，对比度不够；如果该值太小，又可能使图像过亮或过暗的地方增多。最佳的取值范围应该是剖面曲线最高点和最低点处于 *Z* Range 的四分之三以内。

参考文献

[1] 林海，吕绿洲. 环境工程微生物学实验教程 [M]. 北京：冶金工业出版社，2020.

[2] KUMAR S, ADARSH A, KUMAR B, et al. An automated early diabetic retinopathy detection through improved blood vessel and optic disc segmentation [J]. Optics & laser technology, 2020, 121: 1-11.

[3] KIM H C, KIM H, LEE J U, et al. Engineering optical and electronic properties of WS_2 by varying the number of layers [J]. ACS nano, 2015, 9 (7): 6854-6860.

[4] LI Y C, XIN H B, ZHANG Y, et al. Living nanospear for near-field optical probing [J]. ACS nano, 2018, 12 (11): 10703-10711.

[5] NIKON. HeLa Cell Culture [EB/OL]. [2024-03-01]. https://www.microscopyu.com/gallery-images/hela-cell-culture.

[6] XUE L G, LUO X, XING J H, et al. Isolation and pathogenicity evaluation of escherichia coli O157:H7 from common carp, cyprinus carpio [J]. Microbial pathogenesis, 2023, 182: 1-6.

[7] ZHANG W N, LI J, CHEN H, et al. Photobleaching induced time-dependent light emission from dye-doped polymer nanofibers[J]. RSC advances, 2015, 5 (68): 55126 -55130.

[8] LI J, CHEN G Y, YAN J H, et al. Solar-driven plasmonic tungsten oxides as catalyst enhancing ethanol dehydration for highly selective ethylene production [J]. Applied catalysis b: environmental, 2020, 264: 1 -6.

[9] LI J, LIU Z F, TIAN D H, et al. Assembly of gold nanorods functionalized by zirconium-based metal-organic frameworks for surface enhanced Raman scattering [J]. Nanoscale, 2022, 14 (14): 5561 -5568.

[10] WEN L Y, XU R, MI Y, et al. Multiple nanostructures based on anodized aluminium oxide templates [J]. Nature nanotechnology, 2016, 12 (3): 244 -250.

[11] URBONAS D, MAHRT R F, STÖFERLE T. Low-loss optical waveguides made with a high-loss material [J]. Light: science & applications, 2021, 10 (1): 15.

[12] LIU X G, ZHANG Y, GOSWAMI D K, et al. The controlled evolution of a polymer singlecrystal [J]. Science, 2005, 307 (5716): 1763 -1766.

[13] REN T H, SONG P, CHEN J Y, et al. Whisper gallery modes in monolayer tungsten disulfide-hexagonal boron nitride optical cavity [J]. ACS photonics, 2018, 5 (2): 353 -358.

[14] LEE H, DESHMUKH S, WEN J, et al. Layer-dependent interfacial transport and optoelectrical properties of MoS_2 on ultraflat metals [J]. ACS applied material interfaces, 2019, 11 (34): 31543 -31550.

[15] ARUNIMA S R, DEEPA M J, GEETHANJALI C V, et al. Tuning of hydrophobicity of WO_3-based hot-dip zinc coating with improved self-cleaning and anti-corrosion properties [J]. Applied surface science,2020, 527: 1 -13.

[16] TIAN D H, LU C H, SHI X W, et al. Surface electron modulation of a plasmonic semiconductor for enhanced CO_2 photoreduction [J]. Journal materials chemistry a, 2023, 11 (16): 8684 -8693.

3　材料的结构成分分析

3.1　透射电子显微镜

类比光学显微镜的反射光场和透射光场，电子显微镜也有用于表面形貌观测的扫描显微镜，以及用于观测内部结构的透射电子显微镜（Transmission Electron Microscope，TEM，简称透射电镜）。所谓 TEM，就是利用电子穿透样品来获得相关结构信息的设备。该设备将加速聚焦后的电子束射向极薄的样品，电子在与样品内的原子相互作用后会发生偏转，引发立体角度的散射现象。散射角度的幅度与样品的密度和厚度密切相关，这些角度的差异能够产生明暗不同的图像。透射电子显微镜可以获得原子级分辨率的原子排列图像，同时还能分析物质中小于 1 nm 的微区域的结构和组成，因此广泛应用于材料科学、生命科学、信息科学和化学化工领域。

3.1.1　基本原理

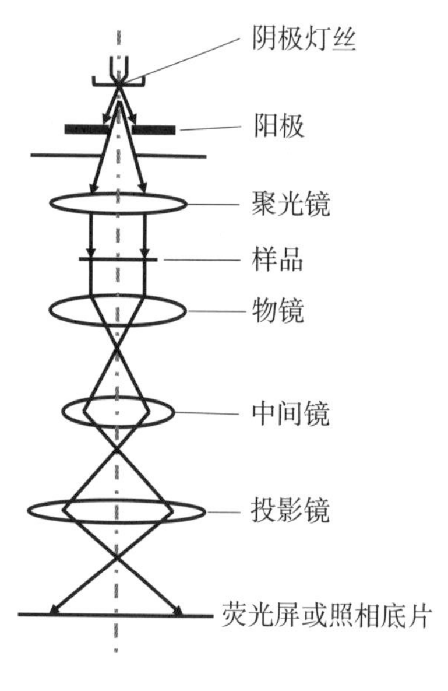

图 3-1　TEM 光路图

透射电子显微镜的成像理念基于阿贝理论。该理论指出，当周期性结构的物体散射一束平行光线时，会产生不同级别的衍射花样。这些同一级别的散射波在透过物体后会在后焦面的相同位置点上聚焦会聚。不同级别的衍射波通过相互干涉，在成像平面上重构出显示物体特征的图像。透射电子显微镜的光路图如图 3-1 所示。

通常情况下，透射电子显微镜利用热发射阴极电子枪生成用于照射的电子束。这些由热阴极释放的电子在阳极的加速电压推动下迅速通过阳极孔，并由聚光透镜系统会聚，形成一束特定尺寸的聚焦光斑，进而射向样品。当这束被加速且具有特定能量的电子束与样品相互作用时，会呈现出样品微观区域的多种特征信息，如厚度、平均原子数、晶格结构或定向差异。样品中透射出的电子束强度会受到这些特征的影响，这些透射电子经物镜的聚焦和放大，生成包含上述特征信息的透射电子图像。随后，这幅图像会经过中间镜和投影镜的进一步放大处理，在如荧光屏这样的成像器件上产生最终三级放大的电子图像。由于电子的德布罗意波长非常短，其远小于可见光，因此透射电子显微镜具有极高的分辨率，可以达到0.1 ~0.2 nm；其放大倍数也非常高，通常介于数万到百万倍之间，远胜于光学显微镜。透射电子显微镜成像的原理大体可以分为三种：

1. **吸收像**

当电子束照射到质量和密度比较大的样品区域时，散射现象主导成像机制。散射角的大小取决于样品的厚度和密度。在样品质量、厚度较大的区域，电子散射角大，透过的电子数少，因此形成的图像在亮度上较暗。

2. **衍射像**

样品对入射的电子束进行衍射作用，不同区域衍射波的幅度分布揭示了晶体不同部位的衍射特性。晶体缺陷存在时，其衍射能力会与无缺陷区域有所差异，导致衍射波幅度的不均匀性，这种现象映射了晶体缺陷的具体分布情况。TEM 可以利用样品后面的透镜选择小区域进行衍射观察，称为选区电子衍射。带有扫描装置的 TEM 可以选择小至数千埃甚至数百埃的区域进行电子衍射观察，称微区衍射。

3. **相位像**

当样品非常薄（ <100 Å）时，电子束可穿透样品，在这种情况下，电子波的振幅变化小到可以忽略不计，此时产生成像的主要因素是相位的变化。

按照视场角度的不同，成像技术可分为明场成像、暗场成像以及中心暗场成像三类（见图 3 –2）。明场成像只允许样品中心的透射光束通过物镜光阑来形成显微图像，是 TEM 中最常用的成像模式。暗场成像则利用某些特定的衍射光束通过物镜光阑形成，背景较暗。中心暗场成像是一种特殊的暗场成像，发生在入射电子束与晶体衍射面的倾斜角度使得衍射斑点移到透镜中心的情况下，通过物镜光阑形成图像。不同的成像模式可以突出显示不同的结构特征，从而令人更加全面地分析样品的内部结构和组成。

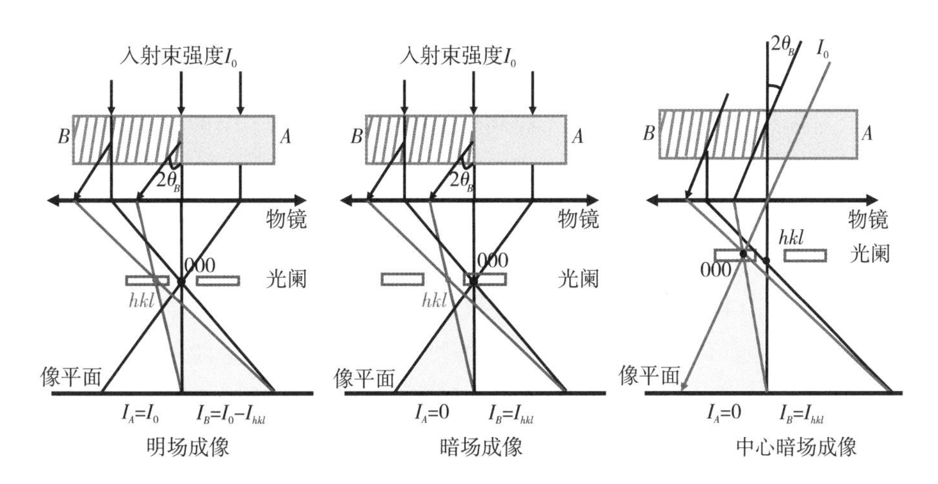

图 3 –2　明场、暗场、中心暗场成像

3.1.2 透射电子显微镜构造

透射电子显微镜的构造主要包含四大部分：电子光学系统（也称作镜筒）、真空系统、冷却系统以及供电与控制系统。其中，镜筒构成了 TEM 的核心部件，涵盖了电子枪系统、成像系统、样品室以及图像观察和记录系统等关键模块。

1. 电子枪系统

电子枪系统对应于光学显微镜的照明系统，由电子枪、聚光镜和相应的调节装置组成。该系统负责提供光源，其特点体现在亮度高、光束孔径角度窄、光线平行度高且束流稳定上。聚光镜的作用是将电子束集中至样品表面，并且通过在样品平面调整光束孔径角来改变照明的电流密度与束斑尺寸。

2. 成像系统

成像系统是透射电镜获得高分辨率、高放大倍数的核心组成部件，主要组成部分包括物镜、中间镜以及光阑。物镜的作用在于初次形成高分辨率电子显微图或清晰衍射花样，是 TEM 透镜组的核心。中间镜进一步放大物镜所成的电子图像。为限制电子束的散射，更有效地利用近轴光线、消除球差、提高成像质量，电镜光学通道上多处加有光阑，以遮挡旁轴光线及散射光。

3. 样品室

样品室中放置样品杆，样品杆可装载样品。由于 TEM 镜筒内是高真空环境，装载样品后的样品杆需要经过预抽真空才能插入样品室。同时样品杆放入 TEM 以后还需要考虑真空密封和样品的稳定性问题。

4. 图像观察和记录系统

图像观察和记录系统包括荧光屏、底片和 CCD 等。现代 TEM 还配有单独聚焦的小荧光屏和 5 ~ 10 倍的光学放大镜。

3.1.3 一般制样方法

TEM 测试对样品的一般要求为：①样品要足够薄以至于电子束能够穿透，一般尺寸厚度小于 0.2 μm；②样品不含水分或有机挥发物；③样品在高真空和电子束照射下能保持稳定；④避免磁性颗粒或对样品进行预先去磁。

1. 粉末样品

对于各种粉末状材料或者脆性可研磨成粉末的材料，将其在合适溶剂超声分散后滴到带有支撑膜的铜网上即可。这种制样方法需要准确选择不同类型的铜网。根据支撑膜不同，最常用的铜网分为碳支持膜、微栅和超薄碳膜。碳支持膜适用于观察颗粒轮廓的低倍率图像；微栅适用于一维、二维纳米材料及纳米团聚物的高倍率观察；超薄碳膜适用于小于50 nm零维纳米材料的高倍率观察。铜网是最常用的载网材质，当需要EDS分析铜元素时，也可采用其他材质的载网，如镍、金、钛、铝等。具体制样步骤：

（1）选择高质量的碳支持膜或微栅，用镊子小心取出膜，将其面朝上轻轻平放在白色滤纸上；

（2）取适量的粉末加入分散剂（乙醇或水），通过超声振荡制备好适当浓度的悬浮液样品，将其滴在铜网上（或者捞取）；

（3）利用红外烘烤灯进行干燥处理或自然干燥后，将样品装上样品杆插入电镜。

当粉末样品颗粒较大时，为了清晰看到内部结构，可采用两种方法制样：

（1）把纤维或大颗粒粉末样品与树脂拌合后，利用常规的超薄切片机进行切片，然后用碳支持膜或微栅将切片捞起干燥；

（2）利用金属络合离子电泳沉积原理把粉末样品包埋在金属中，打磨后切取一片微米级的薄膜，最后用氩离子减薄仪把薄膜减薄到电子束可以穿透的厚度。

2. 薄膜样品

对于有基底的薄膜样品来说，当需要从垂直于薄膜的方向进行观察时，如果薄膜厚度在电子束工作厚度范围内，可考虑将基底去除，然后选用粉末样品的制样方法；当需要沿平行于薄膜方向进行观察时，一般采用对粘法对薄膜样品进行制样：用胶把两层膜相对粘贴起来，使膜层处于样品中心，然后沿垂直于对粘面的位置切取一层微米尺度的薄膜，再用氩离子轰击进行局部减薄，也可采用金属包埋的方法进行制样。

3. 块体样品

对于金属和陶瓷材料，采取常规的TEM样品制备流程：切割→研磨→凹坑→离子减薄；对于生物样品，需要经过取材、固定、脱水、浸透、包埋聚合、切片及染色等步骤；对于高分子样品，通常采用超薄切片机进行常温切片或冷冻切片（液氮冷却）。

3.1.4　电子衍射谱

透射电子显微镜除了能够对样品形貌、结构缺陷等进行直观观察外，还有一个重要的功能，就是电子衍射。电子衍射可分为选区电子衍射、会聚束衍射和微衍射。

1. 选区电子衍射

根据样品的种类不同，选区电子衍射谱一般分为四类：非晶、单晶、多晶和准晶的衍射谱，如图3－3所示。单晶的衍射花样为斑点状，由平行入射的电子束经过薄单晶发生弹性散射而形成。单晶衍射图呈现为一个零层的二维倒易截面，其倒易点（晶体中原子排列的傅里叶变换）有规则地排列在二维网格的格点上，显示出明显的对称特征，反映出晶体内部的对称性。多晶材料的衍射图样呈现为诸多衍射圆锥与垂直于入射束方向的荧光屏或照相胶片的交线，形成一连串的同心圆环状。每一族衍射晶面对应的倒易点分布集合成一个半径为$\frac{1}{d}$（d为晶面间距）的倒易球面，这个球面与 Ewald 球（代表入射波和衍射波矢量几何关系的球体）相交的交线形成圆环。因此，样品中不同晶粒的（$h\ k\ l$）晶面族将通过衍射形成轨迹，组成了一个以电子束为轴、2θ为半锥角的圆锥形衍射图案。不同晶面族的衍射圆锥会有不同的2θ值，但它们都共享一个顶点和轴线。准晶材料的衍射图样通常显示出圆环状分布的亮点，这些亮点在直线方向上可能相互间隔或重叠，节点分布遵循 Fibonacci 排列。至于非晶材料，其衍射图样通常表现为一个单一圆斑。

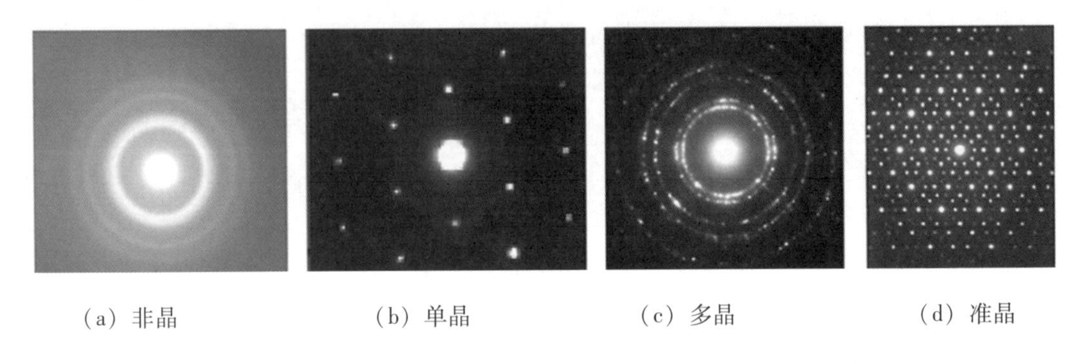

（a）非晶　（b）单晶　（c）多晶　（d）准晶

图 3-3　不同种类样品的衍射花样成像

2. **会聚束衍射**

随着纳米科学的发展，电镜可在数纳米到几十纳米的微区上做会聚束衍射。用会聚束衍射可以测样品的厚度、晶格参数的微小变化及晶格形变，还可以提供有缺陷的结构、非中心对称晶体的极性、局部晶体对称性、应力场和电荷密度等信息。

3. **微衍射**

普通电子束斑通常大于 1 μm，很难对较小区域作衍射分析。场发射电镜可把电子束斑聚得很细，通过特别透镜组合照射到样品上的平行电子束斑为 10～100 nm，从而使得微区衍射区域缩小到 100 nm 以内。但由于微区衍射电子束太细，电子衍射的强度大大降低，不利于观察和拍照。图 3-4 是 SnO_2 纳米棒的 TEM 图像及相应的微衍射花样。从图中可以看出，纳米棒直径约 30 nm，衍射花样所对应的衍射区域为纳米棒的边缘部分［见图 3-4（b）中圆圈部分］，通过对此部分的微衍射花样的观察，可得到纳米棒边缘细微部分的晶体结构和取向变化。

图 3-4　SnO_2 纳米棒及微衍射

3.1.5　电子衍射谱应用

1. 判断已知纳米结构的生长方向

在研究晶体结构时，很多情况下需要判断其优势生长面及生长方向，尤其是纳米线、纳米带等。晶体的电子衍射图是一个二维倒易平面的放大，同时透射电子显微镜又能得到形貌，分别相当于倒易空间像与正空间像，正空间的一个晶面族（$h\ k\ l$）可用倒易空间的一个倒易点 hkl 来表示；正空间的一个晶带［$u\ v\ w$］可用倒易空间的一个倒易面（$u\ v\ w$）* 来表示，对应关系如图 3－5 所示。在透射电镜中电子束沿晶带轴的反方向入射到晶体中，受晶面族（$h_1\ k_1\ l_1$）的衍射产生衍射斑（$h_1\ k_1\ l_1$），那么衍射斑与透射斑的连线垂直于晶面族（$h_1\ k_1\ l_1$），据此可判断晶体的优势生长面及生长方向。

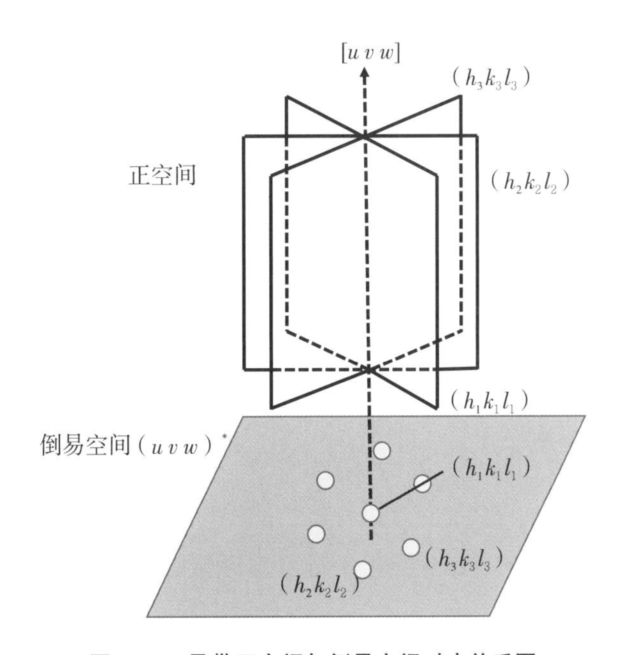

图 3－5　晶带正空间与倒易空间对应关系图

具体的方法是：首先拍摄形貌像，并且在同一位置做电子衍射，在形貌像上找出优势生长面，与电子衍射花样对照，找出连线垂直于此晶面的透射斑，并进行标定，再根据晶面指数换算出生长方向。如图 3－6 所示，判断一维纳米线的生长方向：首先对电子衍射进行标定，纳米线的优势生长面为与纳米线垂直的面，再在电子衍射图上找出与此面垂直的透射斑与衍射斑的连线，确定优势生长面是（0－11）面。由于该物是四方晶系，根据四方晶系的正倒易转换矩阵，将（0－11）面转换为生长方向［0－12］。

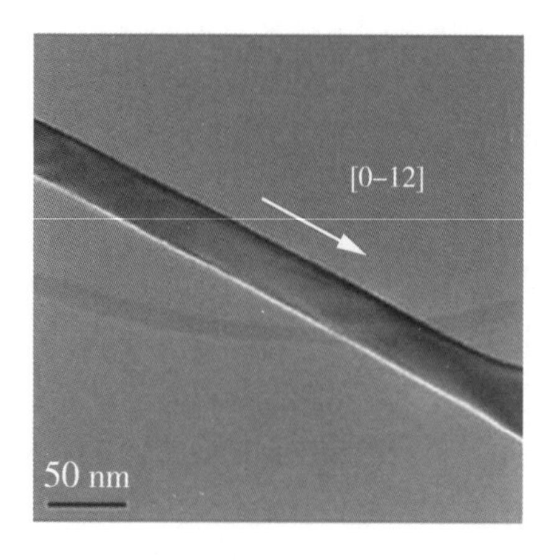

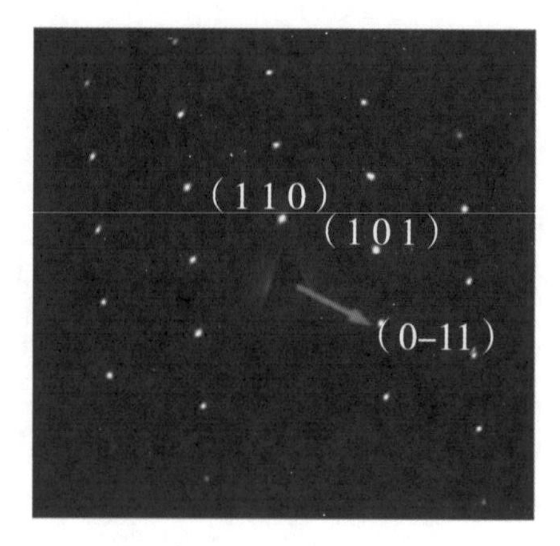

图 3-6 某金属氧化物一维纳米线 TEM 及电子衍射图

根据单晶衍射图样的晶格类型，也可以推断晶体的结构。实际上，TEM 衍射图案就是晶格的倒格子图形。为此，我们要先熟悉各种晶体的倒格子。

简立方晶格（SC）是边长为 a 的立方体原胞。对于简立方晶格的倒易点阵，其为边长是$\frac{2\pi}{a}$的立方体。因此，立方晶格被称为自对偶，在倒易空间中具有与实空间中相同的对称性。

面心立方晶格（FCC）的倒格子是体心立方。体心立方晶格（BCC）的倒格子是面心立方。简单六方布拉维晶格的倒格子是另一个简单六角晶格，相对于正格子关于 c 轴旋转 30°。

2. 衍射斑点标定

我们以 SnO_2 的衍射斑点为例，其衍射图如图 3-7（a）。

（1）计算晶面数据。

①选取平行四边形，我们可以用线把平行四边形标出来，利用 Word 插入直线［见图 3-7（b）］。

②把选中的平行四边形和标尺用实线单独标出来［见图 3-7（c）］。

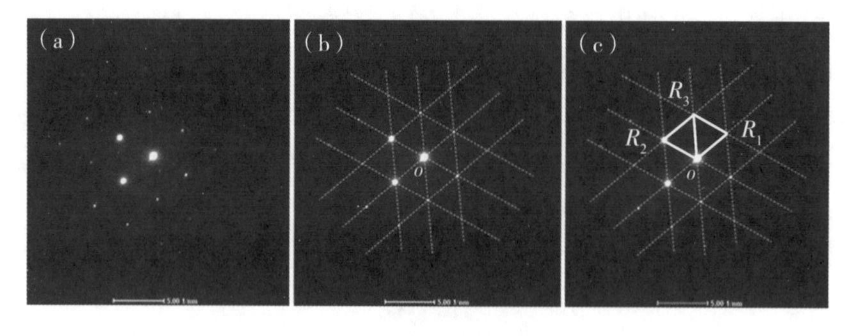

图 3-7 SnO_2 衍射斑点标定

③选中 R_1 边→点击 Word 选项卡“格式”，可以看到高度和宽度。这个就是以 R_1 为斜边的直角三角形的两条直角边的长度。由此可以得到斜边的倾斜角度 $\tan\theta_1=\frac{1.17}{1.41}$。同理计算 R_2、R_3 的长度和角度以及标尺的长度，再根据标尺计算晶面间距，如图 3－8 和表 3－1所示。

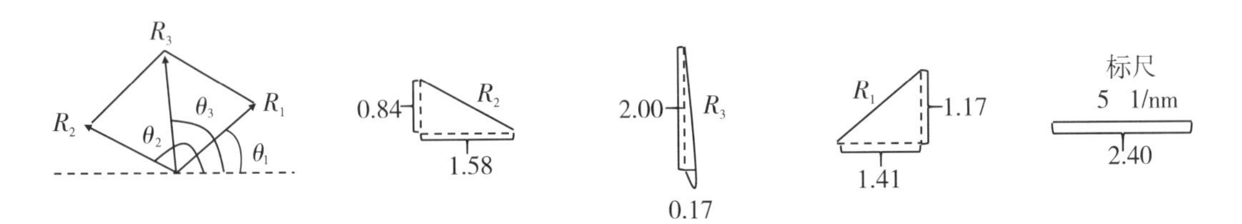

图 3－8　计算晶面数据步骤

表 3－1　晶面数据计算

Word 给出的值	计算	晶面间距及晶面夹角
R_1（1.41，1.17）	$l_1=\sqrt{1.41^2+1.17^2}$，$\tan\theta_1=\frac{1.17}{1.41}$	$d_1=\frac{1}{l_1}\times\frac{l_0}{标尺}=0.261\ 978$ nm，<R_1，R_2> $\theta_2-\theta_1=112.317\ 4°$
R_2（1.58，0.84）	$l_2=\sqrt{0.84^2+1.58^2}$，$\tan\theta_2=\frac{0.84}{-1.58}$	$d_2=\frac{1}{l_2}\times\frac{l_0}{标尺}=0.268\ 244$ nm，<R_2，R_3> $\theta_2-\theta_3=57.144\ 4°$
R_3（0.17，2.00）	$l_3=\sqrt{2.00^2+0.17^2}$，$\tan\theta_3=\frac{2.00}{-0.17}$	$d_3=\frac{1}{l_3}\times\frac{l_0}{标尺}=0.239\ 138$ nm，<R_1，R_3> $\theta_3-\theta_1=55.173\ 0°$
标尺（2.40，0）	$l_0=2.40$，标尺 5　1/nm	

（2）获取物相数据库。

在 PDF 数据库中查找 SnO_2，找到如下卡片（见图 3－9）：$a=0.475\ 52$ nm，$b=0.475\ 52$ nm，$c=0.319\ 92$ nm，$\alpha=90°$，$\beta=90°$，$\gamma=90°$为四方点阵，还可以看到一部分晶面指数及对应的晶面间距。

PDF#77-0452: QM=Uncommon(?); d=Calculated; I=(Unknown)	PDF Card

Cassiterite, syn
SnO2

Radiation=CuKa1　　Lambda=1.5406　　Filter=
Calibration=　　2T=26.486-89.345　　I/Ic(RIR)=9.52
Ref: Level-1 PDF

Tetragonal, P42/mnm(136)　　Z=2　　mp=
CELL: 4.7552 x 4.7552 x 3.1992 <90.0 x 90.0 x 90.0>　　P.S=
Density(c)=6.917　　Density(m)=　　Mwt=　　Vol=72.3
Ref: Ibid.

Strong Lines: 3.36/X 2.65/8 1.77/5 2.38/2 1.42/1 1.68/1 1.44/1 1.50/1

21 Lines, Wavelength to Compute Theta = 1.54056?(Cu), I%-Type = (Unknown)

#	d(?)	I(f)	(h k l)	2-Theta	Theta	1/(2d)	#	d(?)	I(f)	(h k l)	2-Theta	Theta	1/(2d)
1	3.3624	100.0	(1 1 0)	26.486	13.243	0.1487	12	1.4203	12.7	(3 0 1)	65.686	32.843	0.3520
2	2.6544	75.8	(1 0 1)	33.739	16.869	0.1884	13	1.3609	0.1	(3 1 1)	68.945	34.473	0.3674
3	2.3776	20.7	(2 0 0)	37.807	18.903	0.2103	14	1.3272	5.1	(2 0 2)	70.955	35.478	0.3767
4	2.3177	3.3	(1 1 1)	38.822	19.411	0.2157	15	1.2783	0.2	(2 1 2)	74.108	37.054	0.3911
5	2.1266	1.2	(2 1 0)	42.472	21.236	0.2351	16	1.2193	7.3	(3 2 1)	78.356	39.178	0.4101
6	1.7710	51.6	(2 1 1)	51.563	25.781	0.2823	17	1.1888	2.2	(4 0 0)	80.774	40.387	0.4206
7	1.6812	11.6	(2 2 0)	54.538	27.269	0.2974	18	1.1589	4.7	(2 2 2)	83.316	41.658	0.4315
8	1.5996	5.8	(0 0 2)	57.573	28.786	0.3126	19	1.1533	0.2	(4 1 0)	83.808	41.904	0.4335
9	1.5037	10.4	(3 1 0)	61.627	30.814	0.3325	20	1.1208	2.1	(3 3 0)	86.826	43.413	0.4461
10	1.4882	0.1	(2 2 1)	62.340	31.170	0.3360	21	1.0956	5.6	(3 1 2)	89.345	44.673	0.4564
11	1.4445	10.6	(1 1 2)	64.452	32.226	0.3461							

图 3－9　SnO_2在 PDF 数据库中的卡片

（3）计算比对。

①可以很明显地看到有 3 组晶面与我们图中所对应的晶面间距非常接近，如表 3－2 所示。

表 3－2　晶面间距计算对比

斑点图片读取值	数据库中值
R_1 $d_1=0.261\ 978$ nm	(1 0 1) $d=0.265\ 44$ nm
R_2 $d_2=0.268\ 244$ nm	(1 0 1) $d=0.265\ 44$ nm
R_3 $d_3=0.239\ 138$ nm	(2 0 0) $d=0.237\ 76$ nm，(1 1 1) $d=0.231\ 77$ nm

②SnO_2是四方结构，d 值计算公式如下：

$$d=\frac{a}{\sqrt{h^2+k^2+\frac{l^2}{\left(\frac{c}{a}\right)^2}}} \tag{3-1}$$

由于（$h\ k\ l$）指数对应的晶面间距与指数的正负没有关系，因此有以下可能选择，如

表 3－3 所示。

表 3－3 斑点图片对应的可选指数

斑点图片读取值	数据库中值	可选指数
R_1 d_1 =0.261 978 nm	(1 0 1) d =0.265 44 nm	(1 0 1)，(－1 0 1)，(1 0 －1)，(－1 0 －1)
R_2 d_2 =0.268 244 nm	(1 0 1) d =0.265 44 nm	(1 0 1)，(－1 0 1)，(1 0 －1)，(－1 0 －1)
R_3 d_3 =0.239 138 nm	(2 0 0) d =0.237 76 nm， (1 1 1) d =0.231 77 nm	(2 0 0)，(－2 0 0)，(1 1 1)，…

根据矢量的加法法则 $R_3=R_1+R_2$，我们可以找到（1 0 1）+（1 0 －1）=（2 0 0），也就满足了 d_1、d_2、d_3 的匹配。

③验证角度。晶面夹角公式为：

$$\cos\theta=\frac{\dfrac{h_1h_2+k_1k_2}{a^2}+\dfrac{l_1l_2}{c^2}}{\sqrt{\left(\dfrac{h_1{}^2+k_1{}^2}{a^2}+\dfrac{l_1{}^2}{c^2}\right)\left(\dfrac{h_2{}^2+k_2{}^2}{a^2}+\dfrac{l_2{}^2}{c^2}\right)}} \tag{3-2}$$

经过大量计算得到与衍射图中近似的夹角，也就确定了晶面指数，如表 3－4 所示。

表 3－4 晶面夹角确定晶面指数

晶面指数	计算的晶面夹角/°	图中的夹角/°
(1 0 1) 与 (1 0 －1)	112.137 3	112.317 4 $\langle R_1, R_2\rangle$
(1 0 －1) 与 (2 0 0)	56.068 6	57.144 4 $\langle R_2, R_3\rangle$
(1 0 1) 与 (2 0 0)	56.068 6	55.173 0 $\langle R_1, R_3\rangle$

d_1、d_2、d_3，$\langle R_1, R_2\rangle$、$\langle R_2, R_3\rangle$、$\langle R_1, R_3\rangle$ 所需满足条件见图 3－10。

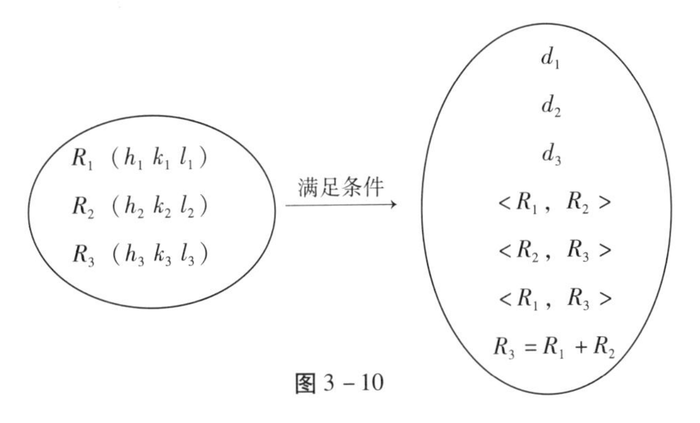

图 3－10

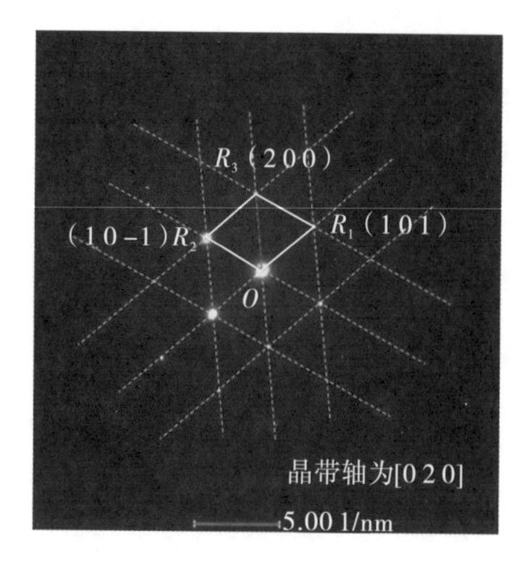

图 3-11 完成透射电镜衍射斑点标定

（4）最后我们将 R_1（1 0 1）、R_2（1 0 -1）代入图 3-11 提供的方法，计算出晶带轴［u v w］为［0 2 0］。

$$\begin{array}{c|cccc|c} h_1 & k_1 & l_1 & h_1 & k_1 & l_1 \\ h_2 & k_2 & l_2 & h_2 & k_2 & l_2 \\ & u & v & w & & \end{array} \longrightarrow \begin{aligned} u &= k_1 l_2 - l_1 k_2 \\ v &= l_1 h_2 - h_1 l_2 \\ w &= h_1 k_2 - k_1 h_2 \end{aligned}$$

3.1.6 科研实例

透射电镜观察氧化钨纳米线：

Lu 等人通过溶剂热法合成出氧空位掺杂的表面等离子体 $W_{18}O_{49}$ 纳米线，从高分辨率 TEM 图像中可以看出（见图 3-12），0.378 nm 晶格间距对应于 $W_{18}O_{49}$ 的（0 1 0）面，表明纳米线优先沿 <0 1 0> 方向生长。[1] 他们在溶剂热制备过程中加入了盐酸并采用高角度环形暗场扫描 TEM（HAADF-STEM），研究其对晶体结构的影响，发现在酸辅助下合成的 $W_{18}O_{49}$ 表面除了观察到清晰的晶格外，还有孤立的 W 原子，表明存在低配位的 W 原子和更加丰富的氧空位。

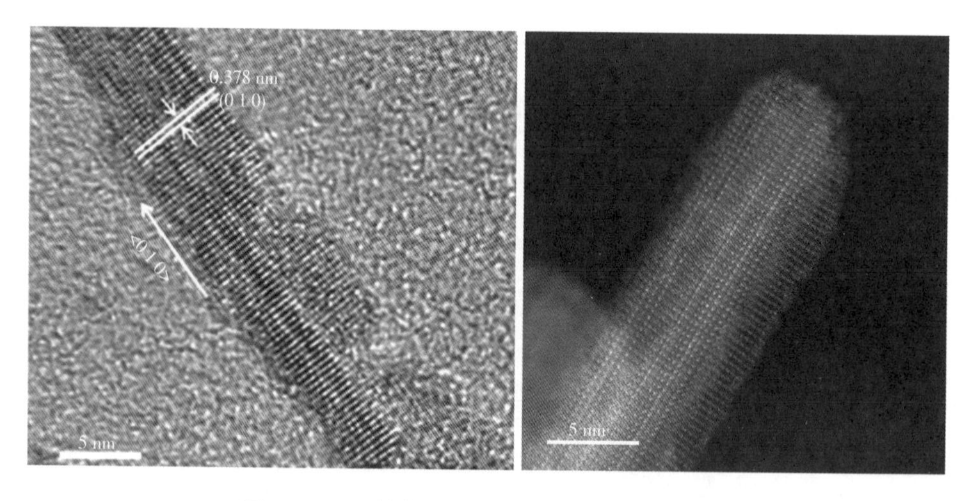

图 3-12 透射电镜观察等离子体 $W_{18}O_{49}$ 纳米线

Lu 等人通过溶剂热法合成出表面等离子体 $W_{18}O_{49}$/rGO 异质结材料[2]，从透射电镜图可以观察到细小的 $W_{18}O_{49}$ 纳米线均匀地分散在还原氧化石墨烯（rGO）层上。高分辨率 TEM 图像显示（见图 3－13），晶格间距为 0.38 nm 与 $W_{18}O_{49}$ 的（0 1 0）晶面相匹配，而周边无序的原子排列表明，表面具有丰富氧空位。进一步使用 HAADF-STEM 分析样品，可以清晰看到负载在 rGO 层上的纳米线，EDS Mapping 图可以看到 C 原子主要分布在层上，而 W 原子、O 原子则分布在纳米线上。

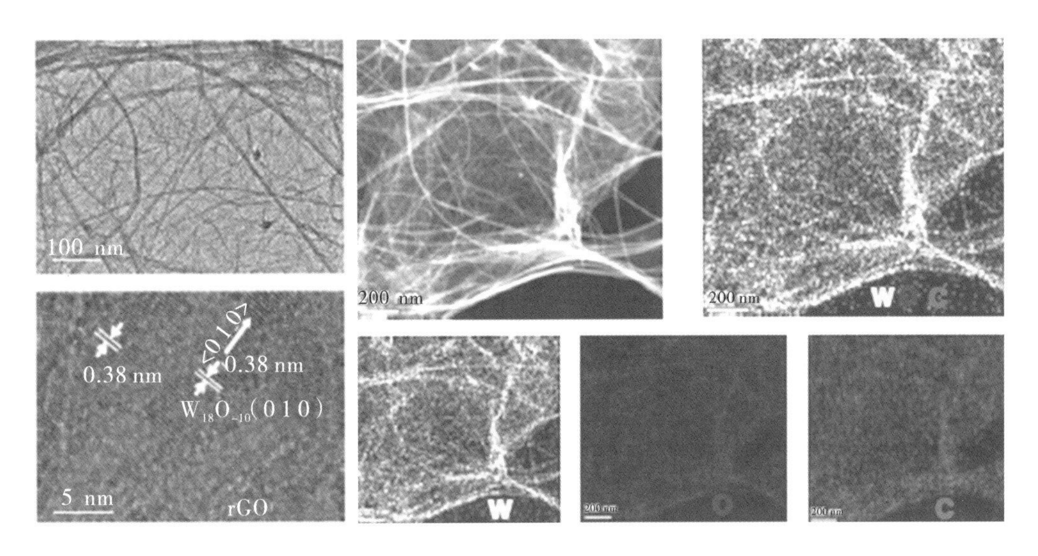

图 3－13　$W_{18}O_{49}$/rGO 异质结透射电镜图

由于 $Al_{11}Ce_3$ 相具有较高的稳定性，Al－Ce 合金展现出良好的耐高温性能。$Al_{11}Ce_3$ 相的形貌和尺寸在决定 Al－Ce 合金的硬化效果方面起着重要的作用。Ye 等人研究了加入 Sc/Zr 对超共晶铸造 Al－Ce 合金的微观结构、机械性能和热稳定性的影响。[3] 结果表明，在添加 0.13 wt % Sc-0.06 wt % Zr 的合金中，Sc 原子和 Zr 原子可以吸附在 $Al_{11}Ce_3$ 相表面并控制其生长过程，同时减小原生相 $Al_{11}Ce_3$ 尺寸，平均长度从 79 μm 减小到56 μm。随着 Sc/Zr 总含量的增加，0.49 wt % Sc-0.23 wt % Zr 的形态尺寸出现明显变化，逐渐呈细纤维状。且与未改性的合金相比，共晶相合金的极限拉伸强度、屈服强度和伸长率有明显的改善。图 3－14 为 0.23Sc-0.10Zr 合金的 TEM 图，明显看到有两种形态，即几十微米的粗长状和几微米的球状。结合选区电子衍射（Selected Area Electron Diffraction，SAED）图和能谱分析，可确定该合金为粗长块状的原生 $Al_{11}Ce_3$ 相和球状共晶 $Al_{11}Ce_3$ 相。

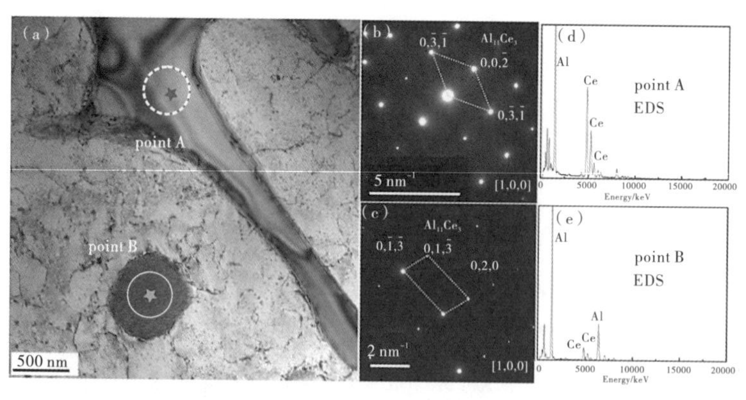

(a) 0.23Sc-0.10Zr 合金的原生和共晶 TEM 图像；(b) 和 (c) 分别表示 (a) 中虚线和实线圈区域的 SAED 图；(d) 和 (e) 分别显示 (a) 中 A 点和 B 点的 EDS 分析

图 3-14　0.23Sc-0.10Zr 合金的 TEM 表征图

为了进一步研究 Sc 和 Zr 元素在合金中的分布情况，对 0.10Sc-0.06Zr 合金中的 Al、Ce、Sc 和 Zr 元素进行了 TEM 和 EDS 谱图分析。如图 3-15 所示，(a)~(e) 为原生 $Al_{11}Ce_3$相的 TEM 图像及相应的 EDS 结果，(f)~(j) 为共晶 $Al_{11}Ce_3$相的 TEM 图像及相应的 EDS 结果，发现 Sc、Zr 在 α-Al/$Al_{11}Ce_3$相界面处富集。

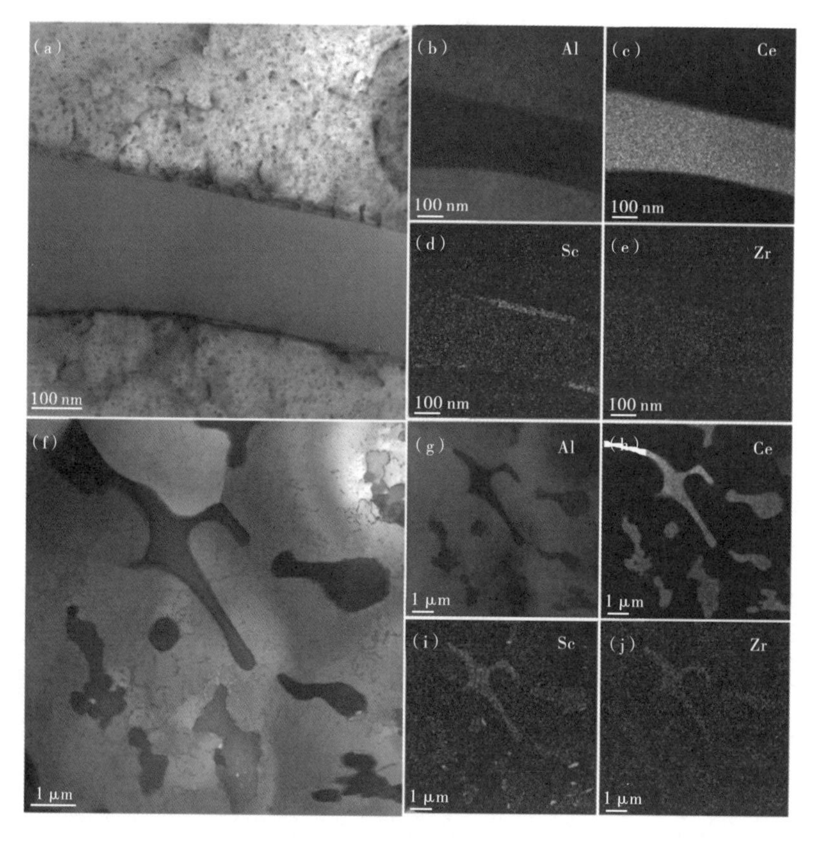

$Al_{11}Ce_3$ 相的 [(a)、(f)] TEM 图像和 [(b)~(e),(g)~(j)] EDS 图；0.10Sc-0.06Zr 合金中 [(b)~(e)] 原生 $Al_{11}Ce_3$相和 [(g)~(j)] 共晶 $Al_{11}Ce_3$相 EDS 图

图 3-15　$Al_{11}Ce_3$相的 TEM 和 EDS 图

3.1.7 常见问题解答

（1）TEM 和 SEM 在成像上有何区别？

TEM 成像依赖穿过样品的透射电子，加速的电子束穿透薄膜样品被探测器捕捉，进而产生图像的衬度。这种衬度主要源于质量厚度差异（即样品中不同元素的种类、含量及其尺寸的厚薄变化）引起的质厚衬度以及晶体取向差异引起的衍射衬度。SEM 的成像利用的是反射电子（二次电子），加速的电子经过样品的反射进入探测屏，由于样品表面凹凸不平，进入探测屏的电子密度不一样，进而形成图像衬度。

（2）TEM 图片比较模糊，可能是什么原因？

这可能是材料的原子序数低（背景是碳膜，材料如果原子序数低可能导致和背景难以区分），也可能是材料太薄，衬度太低，导致背景信号增强，影响对比度。

（3）对于不耐电子束的样品如何做透射？

不耐电子束的样品尤其是有机物建议使用冷冻电镜观察样品，可极大减少电子损伤。如要进行能谱测试，只能采取高计数率的模式，快速进行点分析，否则图像会严重漂移失真。

（4）倍数较低的纳米晶体图像是质厚衬度还是衍射衬度？

当纳米晶体取向不同的时候，样品就会产生衍射衬度。假设每一个纳米晶体都是由相同元素构成的材料，元素比例相同，当晶体厚度不一样的时候也会产生质厚衬度。但需要注意的是，两者兼有衬度叠加的时候，有时一种衬度会特别明显，另一种衬度会弱一些。

（5）STEM 暗场和 TEM 暗场有何不同？

TEM 暗场像由一小部分穿过物镜光阑的散射电子形成，而 STEM 暗场像中散射电子落在环形暗场 ADF 探头上，可以收集大部分散射电子。对于聚合物等电子敏感样品，使用 STEM 质厚衬度可以改善成像。

（6）做聚焦离子束（Focused-Ion-Beam，FIB）对样品有什么要求？

需要确认样品是否导电，若导电性较差，需要先做喷金处理；确认 FIB 目的，截面要看 SEM 还是 TEM，TEM 是做普通的高分辨还是球差，高分辨减薄的厚度比球差厚一些，最少可以减薄 10 nm 左右的厚度；确认切割或取样位置；确认材料是否耐高压，FIB 制样一般常用电压为 30 kV；样品最好表面抛光。

3.2 X 射线衍射

X 射线衍射（X-ray Diffraction，XRD）通过 X 射线在晶体中产生衍射现象来分析晶体材料的成分、内部原子结构形态等，是使用较为广泛的结构表征技术。当晶态结构不同或组成元素有差异时，XRD 谱图的衍射峰角度位置、峰强、峰宽等都会有所不同。XRD 还可以用于研究晶体相变、缺陷、取向等，为深入了解材料内部结构、预测改进材料性能提供有力支持。

3.2.1 晶格衍射基础理论

晶体由原子规则排列成的晶胞组成，由于 X 射线波长和晶体原子间距离有相同数量级，晶体可以当作 X 射线的空间衍射光栅。当一束 X 射线入射到晶体时，由不同原子散射的 X 射线在空间发生干涉，结果就会在某些方向上产生强衍射，而具体衍射线的空间分布方位和强度与晶体内部结构密切相关。不同晶体产生的衍射花样都能反映出该晶体内部的原子分布规律，这就是 XRD 的基本原理。通过分析衍射图谱，便可确定晶体的原子结构、晶格常数等重要参数。1912 年，德国物理学家劳厄首次提出了一个科学预见——“劳厄衍射”。1913 年，英国物理学家布拉格父子在劳厄发现的基础上，将晶体中的原子层看作一组组平行晶面，把晶体中各原子对 X 射线的散射等效为晶面对 X 射线的反射（见图 3 - 16），从光程差出发给出了衍射发生的角度条件，由此提出了晶体衍射基础的著名布拉格方程：

$$2d\sin\theta = n\lambda \tag{3-3}$$

式中，λ 是 X 射线的波长，θ 为衍射角，d 为衍射晶面的间距。

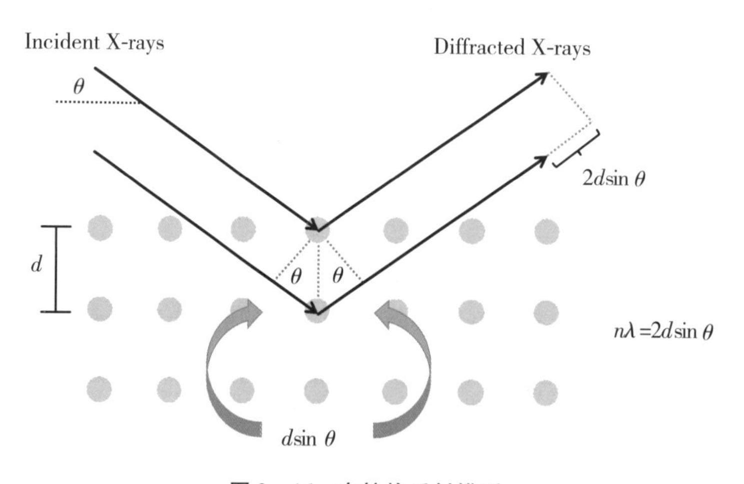

图 3 - 16　布拉格反射模型

布拉格方程的物理意义在于，它描述了当 X 射线入射到晶体上时，会在满足布拉格方程的特定角度上发生衍射。在这些角度上，来自不同晶面的原子衍射波的相位完全相同，因此它们的振幅会互相加强，导致在 2θ 方向上出现明显的衍射线，而在其他方向的强度则抵消减弱甚至为零。

值得注意的是，X射线的反射与可见光的反射有所不同。可见光的反射遵循“入射角等于反射角”的法则。然而，在X射线衍射中，X射线的入射波与反射（衍射）波之间的夹角始终是2θ，这是由X射线的波动性和晶体结构的周期性共同决定的。因此，对于晶体材料，我们通常通过旋转晶体或探测器来改变θ，在不同的2θ角度上测量衍射强度，从而获得具有不同强度衍射峰的衍射图谱，进而分析晶体的结构和性质。而对于非晶材料，其原子结构呈现不规则排列，衍射图谱不会出现尖锐的衍射峰，而是呈现出具有一定宽度的漫散射峰，又称“馒头峰”，反映了非晶材料中原子排列的短程有序但长程无序的特点。

3.2.2 粉末、薄膜制样流程

1. 粉末样品

将样品制成很细的粉末颗粒，使样品在辐照的位置有足够多的晶粒，获得准确的粉末衍射图谱数据。在定量测定多相样品时，一般可以忽略其他效应（如消光和微吸收）对衍射强度的影响。然而对于高吸收或颗粒为单晶体的样品，颗粒大小是一个非常重要的影响因素。如果颗粒过大，衍射强度可能会受到颗粒内部的结构、取向和应力等因素的影响，导致测量结果发生偏差。以石英粉末为例，一般要求其颗粒大小不超过5 μm，这是为了确保样品的均匀性和一致性，使测试同一样品的平均偏差可以控制在1%以内，提高测量的准确性和可重复性。但是当晶粒太小（<100 nm）时，衍射线会发生宽化，所以要得到良好的XRD谱图数据，晶粒尺寸最好控制在0.1～10 μm，这个范围是基于实验得出的经验性结论。XRD测试要求样品的表面尽量平整，这主要是因为表面的不规则、不平整会对衍射结果产生多种影响，包括衍射线的宽度、位移以及强度变化，从而降低衍射图谱的分辨率，影响衍射角的测量精度和对晶体结构的定量分析。对于一些常见的样品，制样方法是先使用玛瑙研钵将样品研磨至无颗粒感的粉末，把粉末样品用细筛子筛入制样框的窗口中，然后把粉末摊开，使之形成均匀薄层，轻轻压紧并用刀片把周围多余的粉末削去，最后轻轻将制样框拿开，就得到了一个平整的样品表面。

2. 薄膜样品

取适量样品分散在水、乙醇等溶剂中，超声使其分散均匀，将其滴在1 cm×1 cm的玻璃片上，干燥形成均匀薄膜。薄膜样品可能会对X射线透明度产生影响，进而引起衍射峰移动或发生不对称宽化。薄膜厚度应大于20 nm，这样才能产生足够强度的衍射信号。对于不同基体的薄膜样品，需要事先确定基片的取向，如果表面很不平整，可以根据实际情况用导电胶或橡皮泥固定样品提高平整度，且应清洁表面，尽量避免杂质和污染物，以确保测试结果的准确性。

3.2.3　X 射线衍射仪

X 射线衍射仪主要由 X 射线发生系统（产生 X 射线）、测角及探测系统、记录和数据处理系统（见图 3－17）三者协同工作输出衍射图谱。

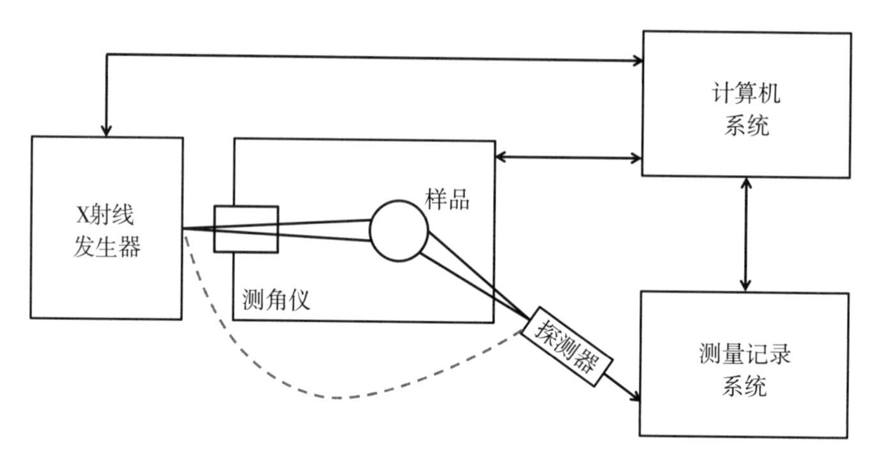

图 3－17　X 射线衍射仪

1. X 射线发生器

X 射线发生器由 X 射线管、高压发生器、管压和管流稳定电路以及各种保护电路等部分组成。现代 X 射线管属于热电子管，有密封式和转靶式两种。前者大的功率在 2.5 kW 以内，视靶材料的不同而异；后者是为获得高强度 X 射线而设计的，一般功率在 10 kW 以上，目前常用的有 9 kW、12 kW 和 18 kW。

2. 测角仪

测角仪是测量角度 2θ 的装置，是 X 射线衍射仪测量中的核心部分，用来准确测量衍射角。

3. X 射线探测器

X 射线探测器是测量 X 射线强度的计数装置，其主要功能是将 X 射线光子的能量转换成电脉冲信号。通常用于 X 射线衍射仪的辐射探测器有正比计数器、闪烁计数器和位敏正比探测器。

4. 常见参数调节

XRD 测试主要调节的参数包括：①工作环境：交流电 110/220 V，波动 <10%，温度 −10 ℃ ~ 35 ℃；②X 光管：常见为 Co、Cu 等靶材；③管电压、管电流：<50 kV，<0.5 mA；④测试角度范围：一般为 5° ~ 120°，步长 0.02°，测试速率 2°/min。

3.2.4 X射线衍射应用场景

1. 物相分析

定性分析主要是通过将测得的衍射花样与已知的标准衍射数据对比，可以确定样品的物相组成，推断出物质的成分和结构信息，在材料科学、地质学等领域有广泛应用；定量分析则是在已知物相类别的情况下，通过衍射花样的强度，来测算物相的含量。在进行定量分析时，需要对晶粒大小、取向等可能影响衍射强度的其他因素进行校正，以获得准确的结果。

2. 结晶度的测定

结晶度为结晶部分所占的质量百分数，根据结晶相的衍射图谱面积与非晶相图谱面积测定。当晶体结晶完整且晶粒较大时，其内部原子或分子呈规则排列，在XRD谱图上会观察到强、尖锐且对称的衍射谱线。非晶样品通常没有明显衍射峰的出现。当晶体结晶不完整如晶粒过于细小或存在缺陷时，会导致衍射峰变得宽阔而弥散。衍射峰的宽度与晶粒大小和完整性密切相关，结晶度降低，衍射峰形会变宽且强度减弱。

3. 精密测定点阵常数

利用晶体XRD谱图中衍射线峰位2θ角可以精密测定点阵常数，包括晶胞的边长（a、b、c）以及晶胞之间的角度（α、β、γ）值。精密测定点阵常数在固态相图研究中，特别是在测定固态溶解度曲线中具有非常重要的作用。在固溶体系统中，溶解度的变化会直接影响到点阵常数。然而，当达到某一特定溶解限时，溶质的进一步增加将不再导致点阵常数的变化，而是会引发新相的析出。此外，通过测定点阵常数，还可以提供材料关于固溶体类型、密度、膨胀系数等物理常数的重要信息，对于材料的性能评估和优化设计具有重要意义。

4. 纳米材料粒径表征

纳米材料的性能与颗粒尺寸大小密切相关。然而由于纳米颗粒尺寸非常小，很容易发生团聚，使用常规的粒度分析仪难以进行精确测量。采用XRD线宽法（也称谢乐法）可以克服这一难题，通过测量衍射图谱中衍射峰的线宽，结合相关的数学模型，可以计算出纳米粒子的平均粒径。但这种测量方法也会受样品的制备、仪器测量条件等多种因素的影响，因此实际应用中，可以结合其他表征方法来获得更全面精确的数据。

5. 应力测试

宏观应力对材料的使用有很大关系，负面影响有海水应力腐蚀等；正面影响有压应力可提高疲劳寿命等。只要应力存在就会有应变，就会导致晶面间距的变化；X射线可很好地测量面间距的变化，因此可以利用其测应力。

6. 晶体取向及织构的测定

晶体取向又称单晶定向，是指确定晶体学取向与样品外坐标系的位向关系。由于晶体的很多物化性质都具有各向异性，单晶定向对于理解晶体的性质和行为非常重要。在 X 射线衍射法中，劳厄法是一种非常重要的技术。劳厄法利用连续的 X 射线射入晶体，产生劳厄斑点，其极射赤面投影和样品外坐标轴的投影存在一定的空间位置关系，以此分析确定晶体取向。劳厄法分为透射劳厄法和背射劳厄法两种，透射劳厄法要求样品具有较小的厚度和吸收系数，以便 X 射线能够穿透样品产生清晰衍射花样。相比之下，背射劳厄法对样品厚度大小没有限制，在实际操作中更为方便灵活，因此被广泛应用。

3.2.5 标准样标定技巧

XRD 衍射线的位置由晶胞的参数决定，而晶体内原子的种类、数目以及排列方式（紧密度）等会影响衍射线的强度。具有特定结构的不同晶体必然会产生特征衍射花样，因此通过 XRD 衍射图谱可以判别晶体类型、确定晶体结构以及研究晶体的性质和行为。对于含有 n 种物质的混合物，它们各自的衍射峰互不干扰，只是机械地叠加，因此在衍射图谱中发现和某种晶体相同的衍射花样，就可以确定样品中含有该物质。在进行分析标定时，只要把样品的衍射花样与标准的衍射花样进行对比，从中选出相同者即可确定该物质。对于未知化学成分的样品，可以在出版的 The Power Diffraction File（PDF）粉末衍射卡片中进行数字索引。

数字索引的步骤包括：

（1）测试样品的衍射图谱；

（2）测定衍射线对应的面间距 d 以及相对强度$\frac{I}{I_1}$：由衍射仪测得谱线的峰位，再根据峰位及光源的波长求出 d，随后根据扣除背底峰高的线强度测算出相对强度，将数据依照 d 由大到小列表；

（3）以样品衍射图谱的第一、第二条线为依据查 Hanawalt 数字索引；

（4）按照索引给出的卡片号取出卡片，对照全谱，确定第一相物质；

（5）将剩余线条中最强线的强度作为 100，重新估算剩余线条的相对强度，取三强线并按照上述方法对比查找 Hanawalt 数字索引，得出第二相物质；

（6）如果样品谱图与卡片符合，则定性结束。

3.2.6 Jade 软件使用方法

（1）打开 MDI Jade，进入主窗口，选择菜单 File—Read，打开读入文件的对话框（见图 3－18）。

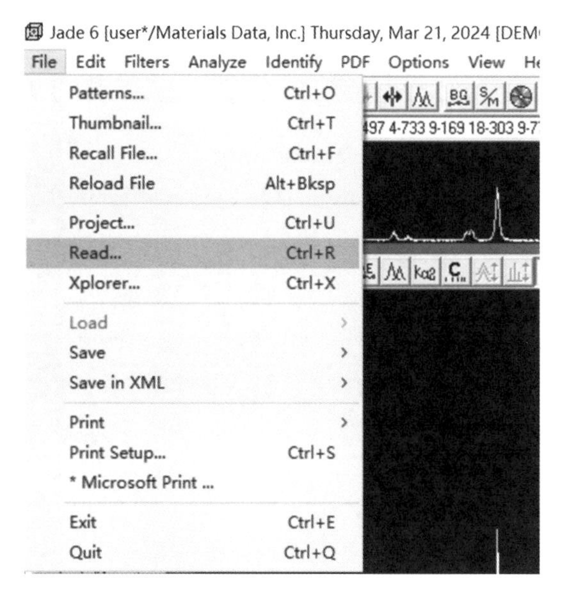

图 3－18 Jade 数据导入

（2）在查看 PDF 卡片之前，需要将 PDF 数据库文件导入 Jade 中。若已知某物质的卡片号，则直接在界面上找到 00-0000 输入即可，也可以通过 PDF 光盘索引，查看卡片详细信息，其步骤如下：

①点击上述光盘图标，弹出图 3－19 所示界面。

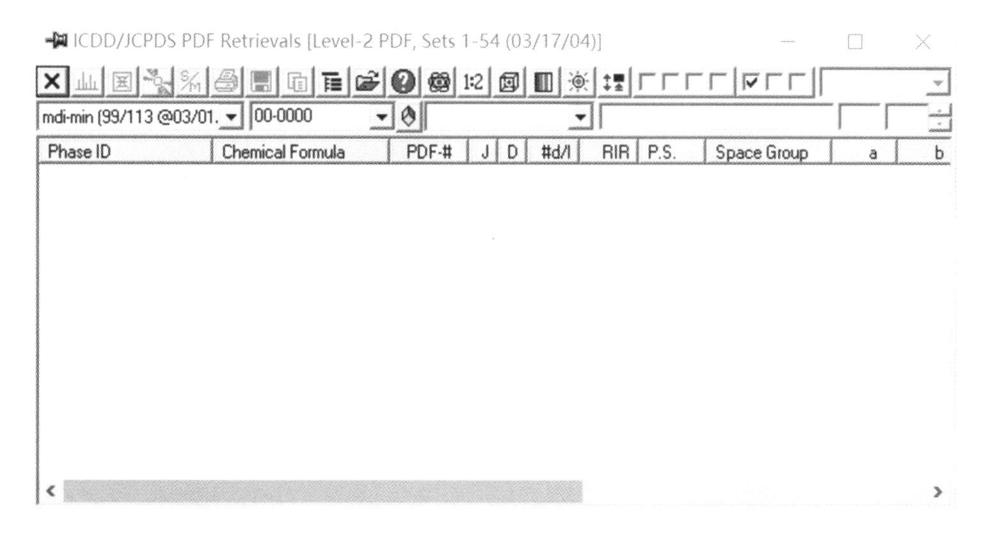

图 3－19 Jade 软件界面

②点击，在弹出的窗口中会出现元素检索表（见图 3－20），选择所需元素即可。

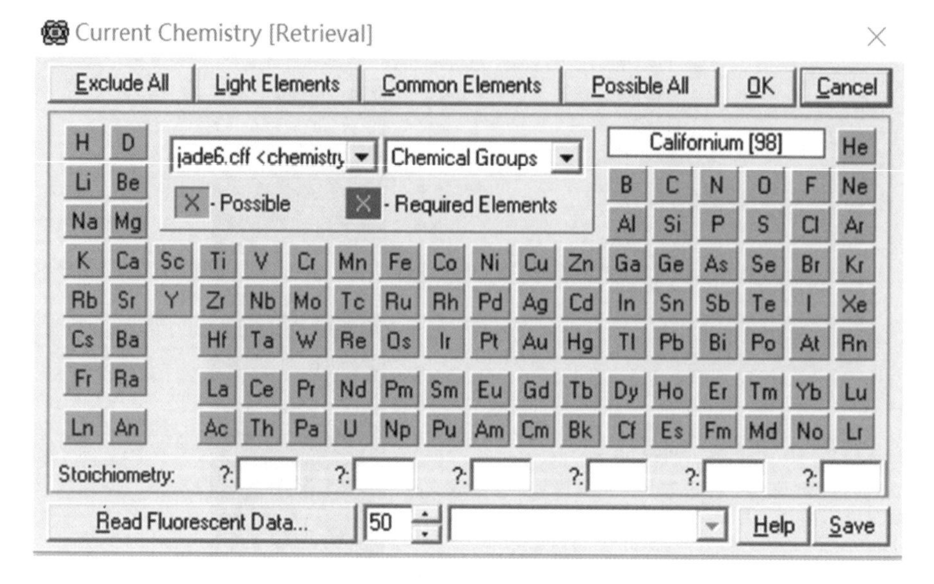

图 3－20　元素检索表

在 Jade 数据操作中，一般都先输出“. txt”格式的数据文件，再将“. txt”转换成 Jade 能够识别的“. mdi”格式。

3. 2. 7　XRD 半高宽与晶粒尺寸

1. 半高宽

衍射峰可以看作一个三角形，其面积等于峰高乘以一半高度处的宽度，这个宽度即为半高宽（Full Width at Half Maximum，FWHM），它是衡量衍射峰宽度的一个重要参数。衍射峰的形状和宽度可以提供材料微观结构的重要信息。在正空间中，一个小晶粒在倒易空间（即衍射空间）中可以看作一个球，导致衍射峰峰宽变宽。相反，正空间中的大晶粒在倒易空间中可近似为一个点，因此对应的衍射峰峰宽很窄。晶粒尺寸与衍射峰的峰宽有直接关系，因此可以通过测量峰宽来估算晶粒尺寸。

2. 晶粒尺寸

样品的晶粒尺寸可采用如下的谢乐公式（Scherrer equation）进行计算：

$$D=\frac{K\lambda}{\beta\cos\theta} \tag{3-4}$$

式中，D 为晶粒尺寸，λ 为入射 X 射线的波长，θ 为衍射布拉格角，单位为弧度，β 为衍射峰值半高宽的宽化程度，K 为谢乐常数，通常取值 0. 9 左右。谢乐公式只适用于小尺寸晶粒。

用 XRD 计算晶粒尺寸时，会受到仪器宽化和应力宽化的影响。当晶粒尺寸小于 100 nm时，应力引起的宽化相对较小，可以忽略，因此谢乐公式适用。但当晶粒尺寸大到一定程度时，应力引起的宽化较为明显，无法忽略宽化影响，谢乐公式不再适用。

综上所述，通过分析衍射峰的半高宽，可以间接了解材料的晶粒尺寸，对于研究材料性能和优化材料结构具有重要意义。

3.2.8 科研实例分析

1. 表面等离子体氧化钨

Li 等人采用溶剂热法通过改变前驱体 WCl_6 溶液浓度（1、5、10、15 和 20 mg/mL）合成出不同的等离子体 WO_{3-x} 样品，分别记为 WO_{3-x}-1、WO_{3-x}-5、WO_{3-x}-10、WO_{3-x}-15 和 WO_{3-x}-20，并用 XRD 分析所得样品的结晶度和相纯度。[4] 低浓度前驱体合成出的 WO_{3-x} 纳米颗粒均在 23°处有一个衍射峰，对应于单斜 $W_{18}O_{49}$ 的（0 1 0）面，而 WO_{3-x}-5 样品衍射峰强度较高，说明晶体沿 <0 1 0> 方向生长较好。随着前驱体浓度的增加，XRD 谱图（见图 3－21）显示（0 1 0）峰逐渐减弱，同时出现了其他的衍射峰分别对应于 WO_3 的（0 2 0）、（2 0 0）和（2 0 2）面，表明样品呈多向生长趋势，氧化钨样品形貌由纳米线状变为纳米片状。

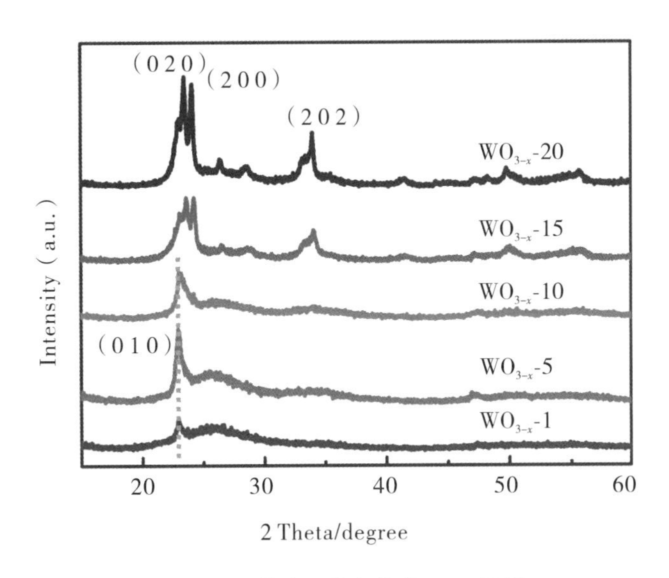

图 3－21 等离子体氧化钨 XRD 图谱

2. 等离子体异质结钨酸铋/二氧化钛

Tian 等人在二氧化钛纳米片（TiO_2-NSs）上原位生长氧空位诱导电子富集能级的等离子体钨酸铋纳米点（BWO-NDs），制备出等离子体异质结构 BWO-NDs/TiO_2-NSs。[5] 异质复合结构的 XRD 谱图（见图 3－22）出现了明显 Bi_2WO_6（圆圈）和 TiO_2（五角星）的特征衍射峰，因此我们认为 BWO-NDs 成功负载于 TiO_2-NSs 表面。

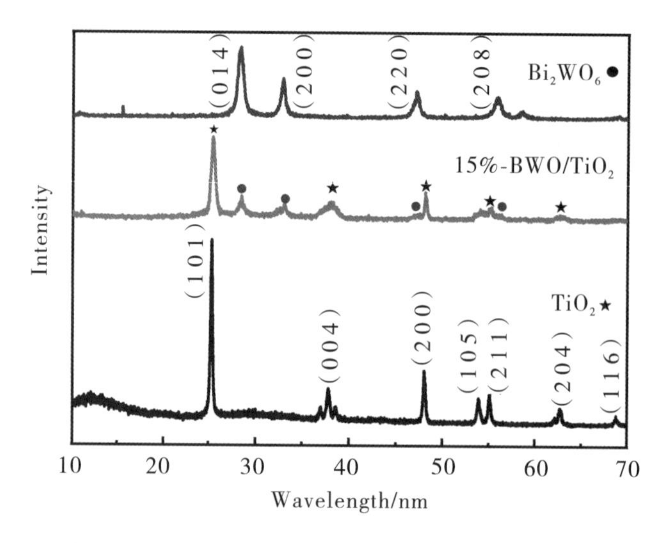

图 3-22 等离子体异质结钨酸铋/二氧化钛 XRD 图谱

3.2.9 常见问题解答

(1) 如何判断样品的研磨程度?

一般研磨到 200 ~ 300 目最佳，可以用筛子过一下。将样品研磨到没有颗粒感，像面粉的质感就可以了。如果研磨时间过长，样品颗粒纳米化会使得衍射峰加宽重叠，影响实验结果。

(2) 测试结果数据毛刺比较明显，如何处理?

可以重新制样测试，适当延长测试时间，减小测试步长，提高谱图的峰强以及信噪比。如果情况没有改善，有可能是因为样品的结晶度比较差，无定型物质多。

(3) 同样的样品两次测试结果差距很大，这可能是什么原因导致的?

同一个样品在不同仪器上测试，因为不同仪器信号值情况不同，测试结果可能会出现较大偏差，所以为避免测试条件的影响，需要对比的样品尽量用相同的仪器同一批送样测试。

(4) 衍射峰位置和标准峰有偏差该怎么办?

XRD 定性分析的时候对峰位置及峰强的容忍性都比较大，因此峰位相差零点几度或者峰强有一点偏差都影响不大。

(5) XRD 峰整体向右偏移是什么原因?

原因可能是离子半径小的元素取代了离子半径大的元素，也可能是在制样时，样品表面高出了样品座平面或者仪器的零点不准。

(6) 随着温度升高，XRD 测试时，峰位为什么会出现左移的现象?

这是由于大多数材料都是正膨胀系数材料，即随温度升高而膨胀。根据布拉格方程 $2d\sin\theta = n\lambda$，在波长保持不变的情况下，d 值逐渐增大，$\sin\theta$ 则必然减小，即在衍射范围

内 θ 值变小，则峰位呈现左移趋势。

（7）XRD 不同的靶材，两者的谱图会一样吗？

靶材不同，特征波长不同，由布拉格方程可知，某一间距为 d 的晶面族衍射角不同，各间距的晶面族的衍射角将呈现有规律的改变。因此，使用不同的靶材时，所得到的衍射图中的衍射峰的位置是不相同的，谱图上的衍射峰间的相对强度会稍有差别，但是可以从衍射峰的变化中得出一定规律。

（8）X 射线单晶衍射仪和 X 射线多晶衍射仪有什么区别？

单晶衍射仪主要用于测定单个纯物质的晶体结构，对于已知结构，可以进行精修；对于未知结构，可以鉴定结构。这要求所测的样品为块状单晶。一般在表征新化合物时，最好用单晶衍射仪，测量一个单晶需要一到两天，解析一个单晶可能要花费更多的时间。

多晶衍射仪也称为粉晶衍射，主要用来测定样品的物相组成，它主要依据 PDF 数据库，通过查找这个库中与样品衍射谱相同的物相来鉴定某个物相是否存在，因此，鉴定的必须是已知物相。多晶衍射仪也可以测量单晶，但是前提条件是把单晶破碎成粉晶，这时测量的相当于是纯物质。

3.3 X 射线光电子能谱

X 射线光电子能谱（X-ray Photoelectron Spectroscopy，XPS）是一种强大的材料表面分析技术，它利用 X 射线激发样品表面发射出光电子，然后通过测量光电子的能量分布，获取样品表面元素成分、化学态和分子结构等重要信息。由于每种元素都有其独特的电子结合能，我们可以通过测量发射光电子的能量识别样品中存在的元素。每种元素可能存在多种化合态，而每种化合态的电子结合能也不同，因此 XPS 可以提供有关元素化学状态的信息。XPS 谱图的峰强能够半定量样品表面元素的含量或浓度。此外，XPS 还可以提供关于类似化学键类型和强度的分子结构信息。尽管 X 射线可穿透样品很深，但只有样品近表面一薄层发射出的光电子可逃逸出来。因此，XPS 是一种典型的材料表面分析手段，是材料科学研究中的重要工具之一。

3.3.1 XPS 基本原理

XPS 的基本原理建立在光电效应基础上。当 X 射线光电子辐照样品表面，被样品原子的电子散射和吸收，原子中不同能级上的电子具有不同的结合能，这些电子通常束缚在原子核的周围。当能量为 $h\nu$ 的高能 X 射线与样品中的原子相互作用时，位于不同能级上的电子将吸收入射 X 射线的能量。当 X 射线能量大于原子中某个电子的结合能时，电子就可能吸收该能量并从原子中逃逸，但是要从样品表面逸出还需同时克服样品的功函数。一旦电子吸收到足够的能量并成功逸出样品表面，就成了光电子，与此同时，失去电子的原子则变成了带正电的激发态离子。实验中只要测出电子的动能，就能得到样品的结合能 E_b。固体样品光电过程中，光电子的动能可以表示为：

$$E_k = h\nu - E_b - \varphi \tag{3-5}$$

式中，E_k 为光电子的动能，$h\nu$ 为入射光子的能量，E_b 是电子的结合能，φ 为样品的功函数。

每种元素的电子结构是唯一的，因此通过计算样品中某一原子不同壳层电子的结合能就可以判定元素的种类。X 射线辐照下，射出的光电子强度与样品中该元素含量存在一定的线性关系，因此可以利用 XPS 进行对未知物元素的定性分析以及对元素的半定量分析。虽然这种方法可能不如其他定量方法精确，但它提供了一种快速、无损的方法估算样品中各元素的相对含量。此外，原子所处的化学环境会影响其内壳层电子的结合能，这种影响在 XPS 谱图上表现为谱峰的位移，即化学位移。所谓化学环境不同可能是与原子相结合的元素种类、数量的不同，也可能是原子的化学价态不同。例如，某个原子在氧化物、硫化物或卤化物中的环境是不同的，其内壳层电子结合能也会变化。一般规律为当元素得到电子时，其化学价态通常表现为负，原子核对外层电子的吸引力减弱，该元素 XPS 结合能降低；当元素失去电子时，其化学价态表现为正，XPS 结合能升高。利用 XPS 中的化学位移，我们可以分析元素在化合物中的化学价态和存在形式，对于理解材料的化学性质以及材料设计等都具有重要意义。例如，在光催化研究中，通过 XPS 分析可以确定催化剂的化学价态和配位环境，从而为其合成和优化提供指导。

3.3.2 XPS 仪器结构

X 射线光电子能谱仪（见图 3-23）的结构主要包括以下六个部分：

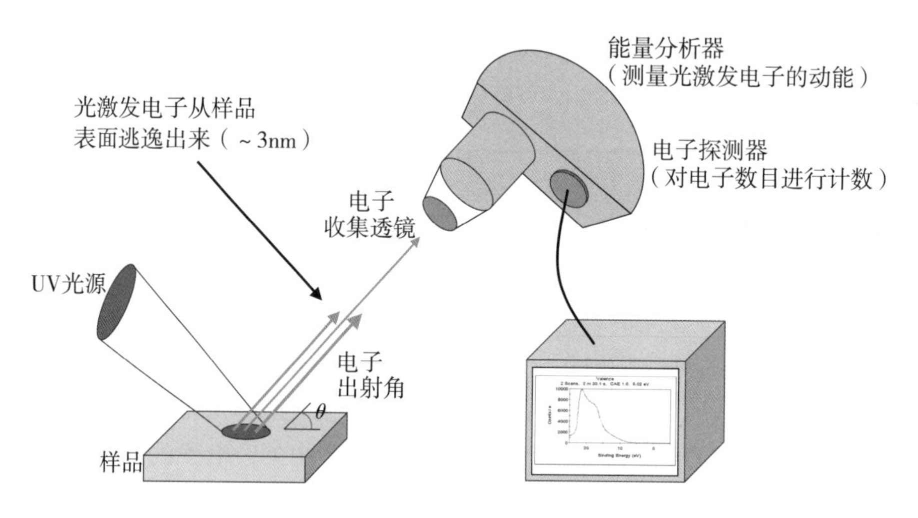

图 3-23 X 射线光电子能谱仪

1. **超高真空系统**

XPS 分析需要在高真空环境中进行，以避免气体分子对分析结果的干扰。当环境真空度较差时，射出的光电子本身能量比较弱，又可能与环境中的气体分子发生碰撞而进一步损失能量，导致无法被探测到信号。为了使分析室的真空度达到所需的 3×10^{-8} Pa，一般采用机械泵、涡轮分子泵或离子泵组成的三级真空泵系统来提供稳定洁净的测试环境。

2. **进样室**

快速进样室通常被设计成体积较小的结构，其主要目的是在不破坏主分析室超高真空环境的情况下，在短时间内实现高真空，实现对新样品的快速进样和处理，提高实验效率。快速进样室还可以提供一定程度的样品预处理功能。允许进行样品的加热、蒸镀、刻蚀等操作，优化样品的表面状态以满足特定实验要求。

3. **X 射线激发源**

激发源用于激发样品表面的电子，使其成为光电子。常用类型有光子能量为 1 253.6 eV的 Mg K_α X 射线和能量为 1 486.6 eV 的 Al K_α X 射线。X 射线源通常是单色的，且线宽越窄，实验的分辨率和结果准确性就越高。

4. **离子源**

常用离子源类型为 Ar 离子源，其作用是清洁样品表面，确保分析准确性，或对样品进行定量剥离，以进行深度剖面分析，研究样品内部的化学结构成分。离子源具体可分为固定式和扫描式两种，固定式离子源主要用于表面清洁；扫描式离子源可提供直径可变、束流密度高且可扫描的离子束，更为灵活方便，可以对样品逐层剥离，进行深度剖析实验。

5. **能量分析器**

能量分析器是 XPS 仪器的关键组件，其核心功能是测定样品表面射出的光电子能量分布。能量分析器常用类型有半球型和筒镜型两种，半球型能量分析器因其对光电子的高效传输和出色的能量分辨率而广泛应用于 XPS 仪器，能够精确地测量光电子的能量，提供关于样品表面的详细信息；筒镜型能量分析器在俄歇电子能谱仪中更为常见，适合于检测俄歇电子。

6. **计算机系统**

商用 XPS 仪器普遍采用计算机系统来控制仪器运行和数据的采集，操作便捷，准确度高，使得数据的处理和分析更加高效。XPS 谱图的计算机处理涉及多个关键步骤，包括根据谱图峰位自动识别元素，通过计算峰的面积或高度半定量估算各元素的相对含量，对谱峰进行拟合以更准确地确定峰的位置、形状和强度，以及去卷积分辨重叠峰等。

以上组件共同构成了 XPS 仪器的核心结构，使其能够对材料结构表面进行多角度、多层次的表征分析，在材料分析、表面科学等领域发挥着重要作用。

3.3.3 一般制样方法

X 射线光电子能谱仪通常只能分析固体样品且对样品有特定的要求，这主要是由于分析过程中样品需要在真空中传递和放置。为了确保分析的准确性和仪器的正常运行，样品通常需要进行一定的预处理。

实验过程中，由于样品需通过传递杆穿过超高真空隔离阀进入分析室，为了防止传输过程中发生碰撞，对样品尺寸有严格的要求。对于块状、薄膜样品，建议样品长、宽不超过 10 mm，高度不超过 5 mm，以便于在真空环境下进样操作，因此在实验前对样品进行适当的尺寸调整是非常必要的。

1. 粉体样品

粉体样品的制样方法有两种：一种是用双面胶带将粉体直接固定于样品台上，制样所需样品用量少，可以缩短预抽真空的时间，但可能会引入胶带的成分，对分析结果造成影响。另一种是将粉体样品压制成薄片后固定在样品台上，这种方法可以在真空中对样品进行加热、表面反应等进一步处理，且信号强度较高，但缺点是样品用量较大，抽真空的时间长。在常规实验过程中，为了便于操作和提高效率，可采用胶带法制样。

2. 含有挥发性物质样品

由于挥发性物质在真空环境下可能会迅速挥发，对系统造成污染，因此在样品进入前必须将其清除。一般可以通过加热样品使其蒸发或用适当的溶剂清洗样品来有效去除挥发性物质，但要注意不能对样品造成损害。清洗后，应确保样品完全干燥。

3. 微磁性样品

由于光电子带负电，光电子很容易受到磁场的影响发生偏转。磁性样品表面出射的光电子在磁场作用下发生偏离，使得它们无法到达分析器而难以得到正确的 XPS 谱图。更为严重的是，如果样品磁性很强，还可能使分析器头部及样品架发生磁化，对仪器造成长期损害，因此须严格禁止强磁样品进入分析室。对于弱磁样品，应先通过加热、交流磁场处理等退磁后，再进行 XPS 分析。

3.3.4 数据分析软件使用

XPS Peak 是使用率最高的 XPS 数据分析软件之一，具体使用步骤如下：

1. 转换数据格式

从 Excel 数据中（已完成谱峰校准）只选择要进行拟合的数据点（见图 3－24），拷贝至 txt 文本中，确保数据能够被 XPS Peak 软件正确读取。

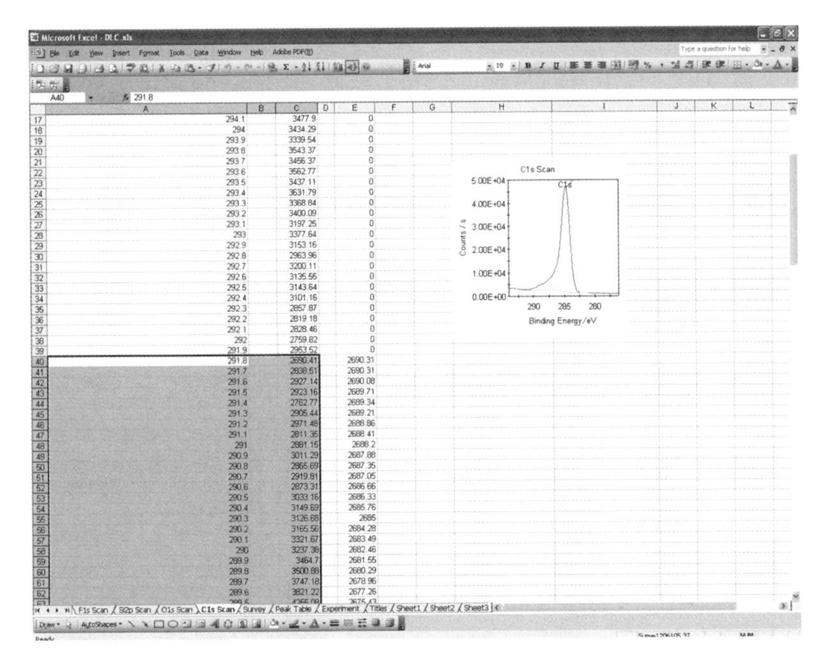

图 3－24　Excel 数据选择

2. 导入数据

打开 XPS Peak 软件后，选择 Data 菜单中的 Import（ASCII）选项，导入之前保存好的“. txt”格式数据，软件界面就会出现相应的谱线（见图3－25）。

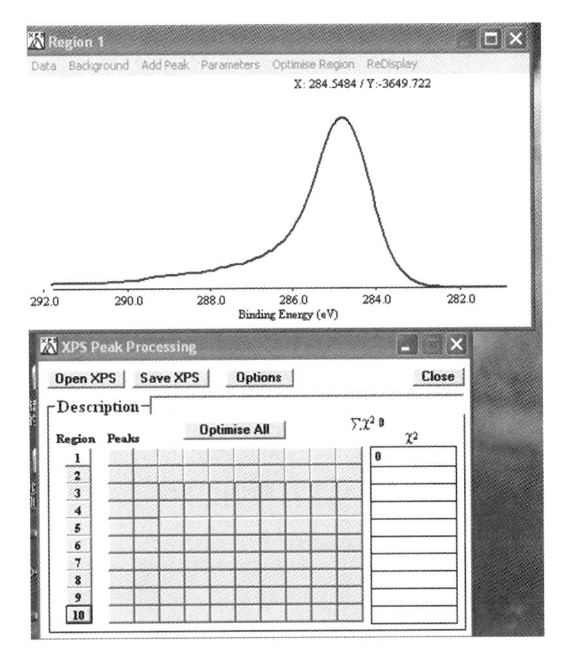

图 3－25　XPS Peak 显示谱线

3. 扣除背底

在 Region 1 窗口中，点击 Background 按钮，High BE 和 Low BE 出现背底的起始和终点位置，可以选择默认值，再根据实际情况选择合适的 Type 来扣除背底，一般可以选择 Shirley 类型（见图 3－26）。

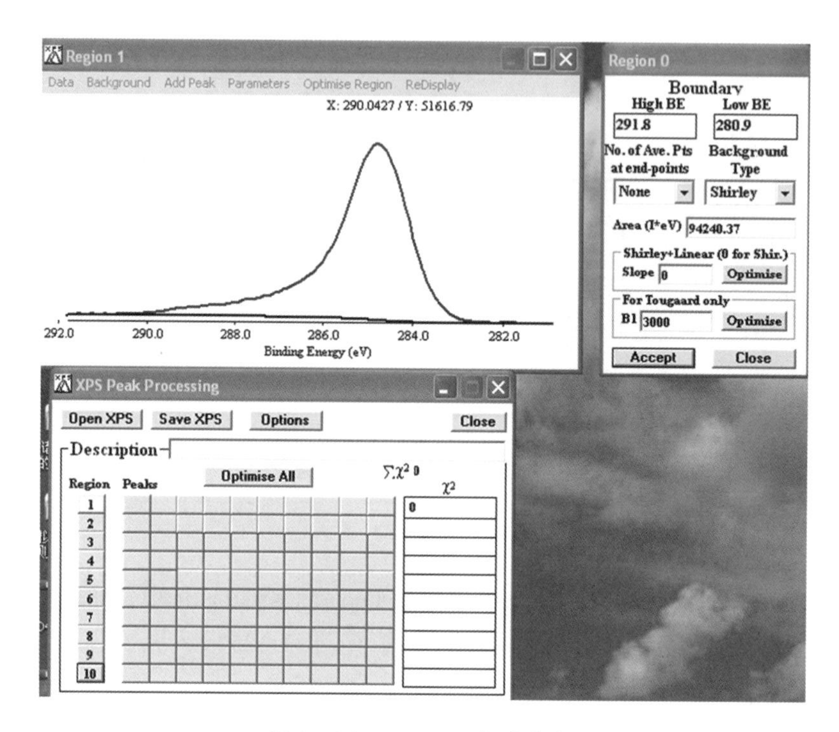

图 3－26 XPS Peak 扣除背底

4. 添加谱峰

点击 Add Peak，在出现的对话框中选择合适的峰类型，如 s、p、d、f 等，这取决于分析的元素及其电子轨道（见图 3－27）。在 Position 处输入希望的峰位，还可以设置半峰宽（FWHM）、峰面积等参数。在各项参数中可以通过 Constraints 固定两峰之间的位置关系，如对于同一价态的 W $4f_{7/2}$和 W $4f_{5/2}$，可以固定它们的峰位间距为 2. 15 eV，峰面积比为 4∶3 等，有助于提高拟合的准确性。在设置峰形时，可能需要调整% Lorentzian-Gaussian 的比例，通常，最后固定% Lorentzian-Gaussian 值为 20%。完成所有设置后，点击 Accept（见图 3－28）。如果需要删除已添加的峰，点击 Delete Peak。如果需要增加新的峰，重复上述步骤。以上设置可根据实际情况进行微调，以达到最佳拟合效果。

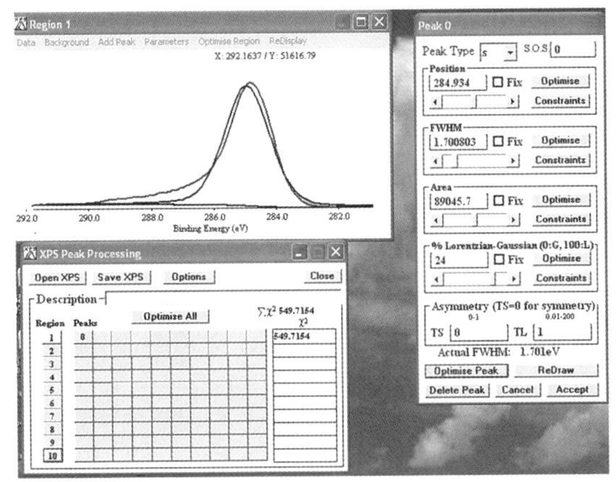

图 3－27 添加谱峰

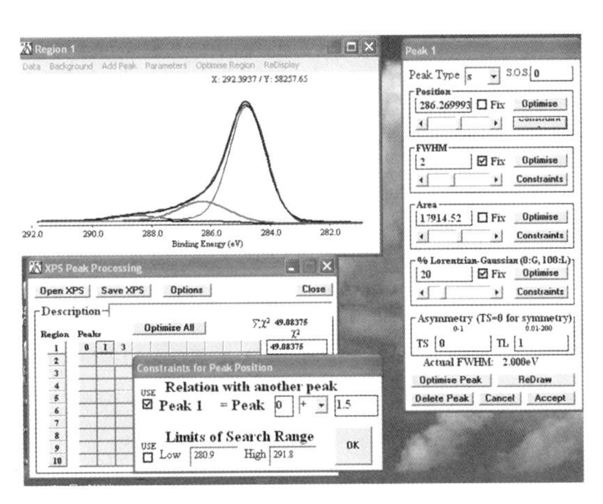

图 3－28 设置限制条件

5. **拟合优化**

确定好拟合峰参数后，点击 Optimise All 进行全局拟合，观察比较拟合曲线和实验数据曲线的重合情况，如果效果不好，可多次点击 Optimise All 进行优化。完成拟合后，通过点击 XPS Peak Processing 窗口的 Region Peaks 下方的编号如 0、1、2 等，来查看每个拟合峰的峰位置、半峰宽、峰高等参数（见图 3－29）。

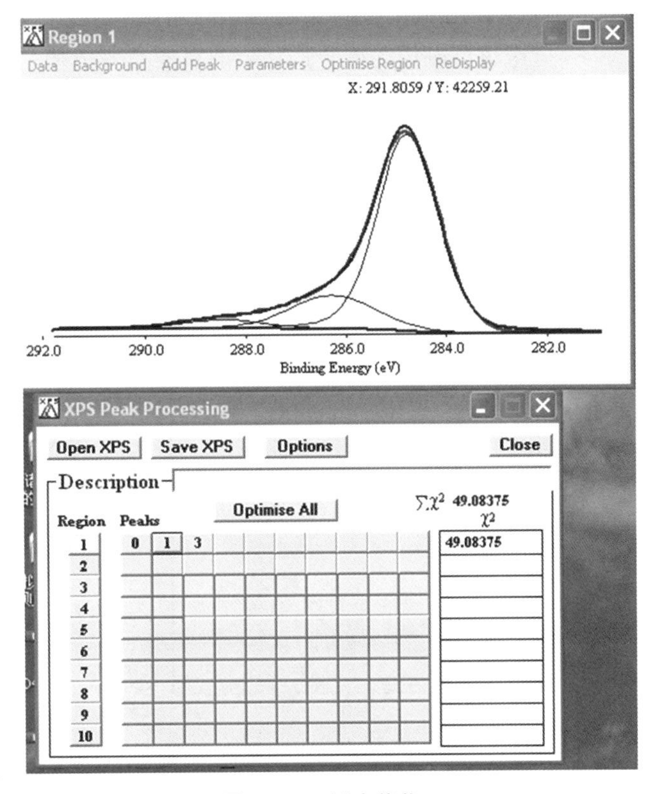

图 3－29 拟合优化

6. **保存及导出**

在 XPS Peak 软件中，点击 Save XPS 可以将当前的谱图保存为“. xps”格式，便于以后再次打开和编辑。

（1）导出谱图数据：点击 Data 中 Export（Spectrum）选项，可以将拟合好的数据保存为“. dat”格式的 ASCII 文件，这种格式的文件可以被数据处理软件（如 Origin）读取。

（2）导出峰参数：点击 Data 中 Export（Peak Parameters）选项，可以将各个拟合峰的参数导出为“. par”格式的文件，该文件也可用记事本等编辑器打开，查看和编辑峰的参数信息，并通过比较不同峰位的峰面积，可以计算出某元素在不同化学态下的含量比，为分析样品化学成分和状态提供重要依据。

7. **谱峰拟合的注意事项**

拟合峰应具有明确的物理与化学意义，能够反映样品的实际结构成分；具有合理的半高宽，半高宽反映了峰的形状和分散度，一般不应大于2.7 eV。对于氧化物，其半高宽通常会比单质大，具有合理的L/G比，XPS软件可以通过调整% Lorentzian-Gaussian值来控制峰的形状，一般这个比值设定在20%左右是较为合理的；对于双峰或多重峰，还需要考虑峰之间的合理间距和强度比。这些参数应该根据实验数据和已知的物理化学规律来确定。

对于p、d、f等能级的次能级如$p_{3/2}$、$p_{1/2}$等，它们的强度比是确定的。例如$p_{3/2}$：$p_{1/2}$=2：1；$d_{5/2}$：$d_{3/2}$=3：2；$f_{7/2}$：$f_{5/2}$=4：3。在进行峰拟合时，需要遵循这些规则以提高结果的准确性。

对于有能级分裂的能级（如p、d、f），分裂的两个轨道间的距离基本上是固定的。例如，同一价态的W $4f_{7/2}$和W $4f_{5/2}$间的距离约为2.15 eV，Si $2p_{3/2}$和Si $2p_{1/2}$间的距离约为1.1 eV。这也可以作为拟合过程中的重要参考依据。

因此，在进行XPS谱峰拟合时，需要综合考虑多个因素，包括峰的物理化学意义、合理的半高宽、L/G比、能级的次能级强度比以及能级分裂的距离等。通过不断调整这些参数，从而获得准确、可靠的拟合结果。

3.3.5 科研应用实例

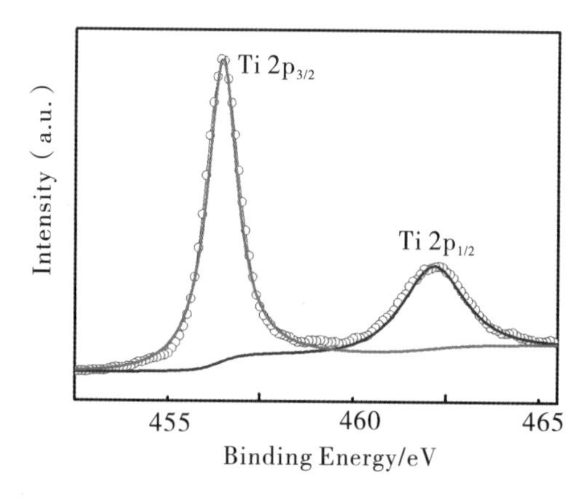

图3-30 TiO_2的Ti 2p XPS光谱

1. **二氧化钛纳米颗粒元素价态分析**

二氧化钛（TiO_2）是化学稳定性最高、环境相容性最强且功能多样的氧化物材料之一。利用X射线光电子能谱观察二氧化钛纳米颗粒中钛元素价态，如图3-30所示，我们可以看到，由于电子的自旋—轨道耦合，Ti 2p能级分裂为两个能级，峰位464.6 eV对应于Ti $2p_{1/2}$峰，峰位458.9 eV则对应于Ti $2p_{3/2}$峰。

2. **富含氧空位的氧化钨元素价态分析**

具有丰富氧空位的非化学计量氧化钨（WO_{3-x}）具有高自由载流子密度，在可见—近红外区域展现出显著的表面等离子体共振效应。由于富含氧空位的氧化钨是非化学计量的，因此钨元素可能以多种价态存在。利用XPS能谱，我们可以分析WO_{3-x}的化学成分和x的值。如图3-31所示，对于普通的WO_3样品，X射线光电子能谱W 4f只有两个结合能峰，分别对应于 W^{6+} 4$f_{5/2}$和 W^{6+} 4$f_{7/2}$。而等离子体 WO_{3-x}的 W 4f XPS 光谱可以去卷积成两对峰。峰位在 37.6 eV 和 35.6 eV 的两个峰对应于 W^{6+} 4$f_{5/2}$和 W^{6+} 4$f_{7/2}$，峰位在 36.3 eV 和 34.3 eV 的两个峰则对应于 W^{5+} 4$f_{5/2}$和 W^{5+} 4$f_{7/2}$。XPS 光谱的定量分析表明，五价钨占 WO_{3-x}纳米线中总 W 价态的 42%，因此在此 WO_{3-x}样品中 W 的平均氧化态约为 5.48。基于电荷平衡，制备的 WO_{3-x}的化学成分可以估算为 $WO_{2.74}$，x 值约为 0.26。对样品 X 射线光电子能谱的分析，能够证实丰富氧空位的存在，这些氧空位的引入提高了样品自由电子的浓度，从而在可见光和近红外区域产生明显的表面等离子体共振吸收。

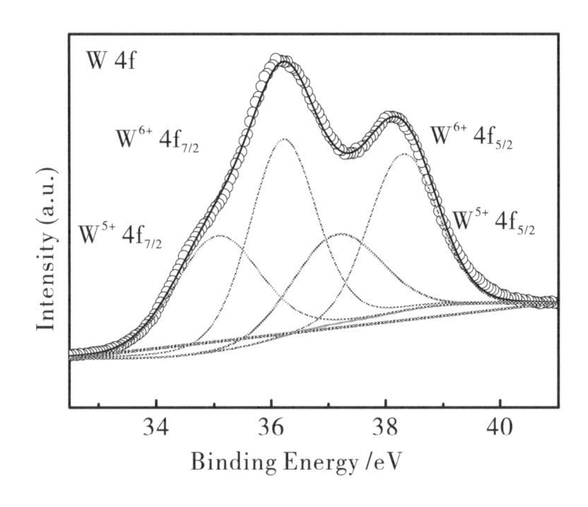

图 3－31 WO_{3-x}样品的 W 4f XPS 光谱

3. 富含氧空位的钨酸铋元素价态分析

Li 等人利用溶剂热法通过添加不同的还原剂合成出三种不同形貌的钨酸铋（BWO）样品，分别标记为 BWO-0、BWO-1、BWO-2，利用 XPS 研究了三种 BWO 样品的元素化学状态（见图 3－32）。[6] BWO-0 和 BWO-1 的 W 4f 谱仅在 35.5 eV 和 37.6 eV 处出现 W^{6+}峰，分别对应 W^{6+} 4$f_{7/2}$和 W^{6+} 4$f_{5/2}$ [见图 3－32（a）]。BWO-2 样品则观测到另外两个位于 34.7 eV 和 36.7 eV 的峰，分别对应 W^{5+} 4$f_{7/2}$和 W^{5+} 4$f_{5/2}$ [见图 3－32（c）]，W^{5+}的产生主要是由于溶剂热过程在 W 原子周围引入了丰富氧空位。对于 Bi 4f 光谱，BWO-0 仅有位于 159.2 eV 和 164.5 eV 的 Bi^{3+}4$f_{7/2}$和 Bi^{3+}4$f_{5/2}$峰。而在 BWO-1 和 BWO-2 样品表面分别观察到 $Bi^{(3-x)+}$4$f_{7/2}$和 $Bi^{(3-x)+}$4$f_{5/2}$峰，分别位于 158.4 eV 和 163.9 eV 处 [见图 3－32（b）（d）]。$Bi^{(3-x)+}$的产生是由于在 Bi 原子周围引入了氧空位，BWO-1 和 BWO-2 样品中 Bi^{3+}峰向高结合能方向的轻微偏移表明氧空位增强了 Bi 元素的电子亲和能力。在 BWO-2 上同时检测到 W^{5+}和 $Bi^{(3-x)+}$信号，且 W^{5+}的信号强度高于 $Bi^{(3-x)+}$，说明 BWO-2 的氧空位主要位于 W—O—W 之间。

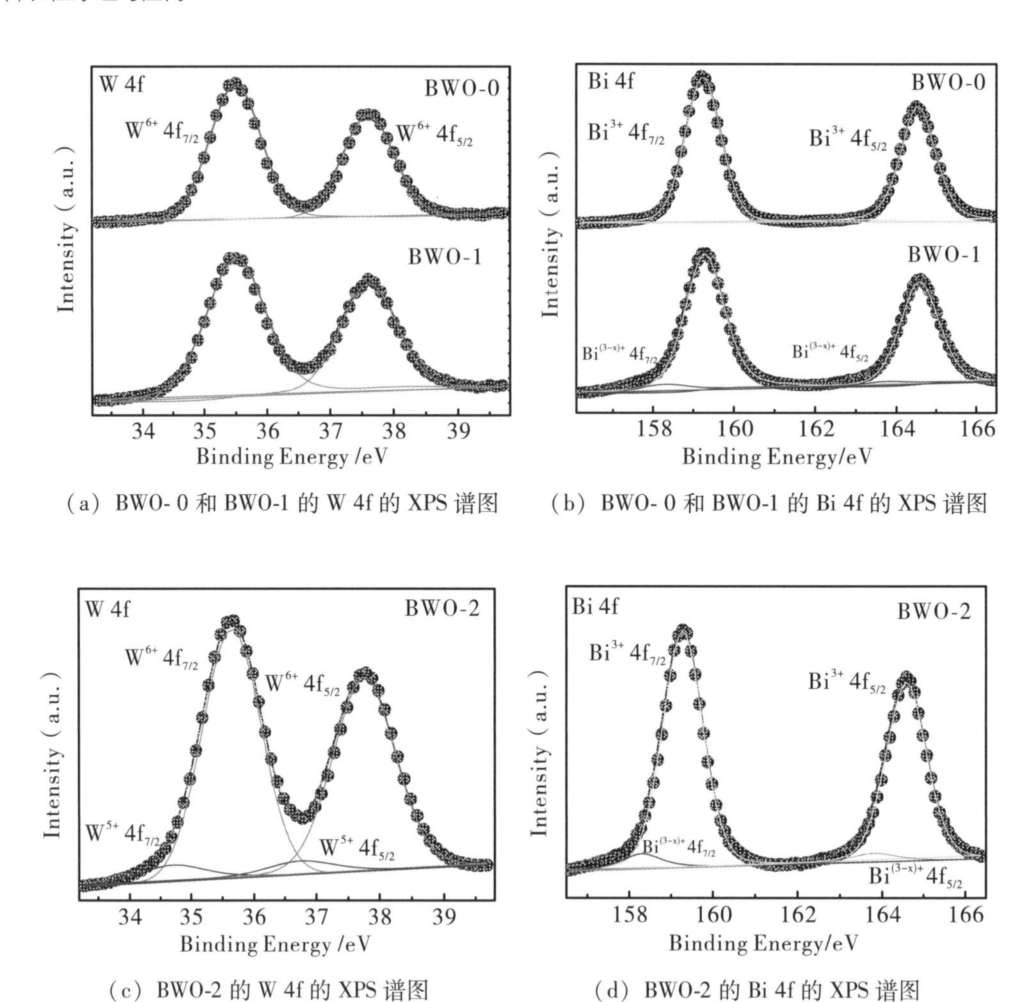

(a) BWO-0 和 BWO-1 的 W 4f 的 XPS 谱图　(b) BWO-0 和 BWO-1 的 Bi 4f 的 XPS 谱图

(c) BWO-2 的 W 4f 的 XPS 谱图　(d) BWO-2 的 Bi 4f 的 XPS 谱图

图 3－32　XPS 表征三种 BWO 样品的元素化学状态

3.3.6　常见问题解答

1. 常见故障

(1) 利用 X 射线光电子能谱仪采集能谱时，有时候会遇到能谱出峰很慢或无法出峰的情况。

原因可能是：

①死时间过长。输入计数率会直接影响死时间的长短，计数率越高，死时间越长。

②输入计数率过低。

一般可以采用以下解决方案：

①选择合适的工作距离。每台能谱仪都有特定的最佳工作距离，在不正确的工作距离下，计数率会比较低。

②选择合适的加速电压。加速电压越低，获得的 X 射线的信号也就越少。

③选择合适的光阑。大孔径光阑可以获得更多信号。

（2）光谱室和样品室的真空度达不到规定值。

一般可以采用以下解决方案：

①检查样品室样品自转装置上的密封圈有无磨损。

②检查光谱室流气计数器的窗膜是否漏气。

③检查真空泵是否有故障。

2. 常见问题

（1）XPS 可以测试液体样品吗?

对于不挥发的液体如离子液体、液态金属等可以滴在硅片上进行测试，大部分液体样品需要将溶液分散在硅片上真空干燥之后再测试。

（2）为什么测试时经常测到有碳、氧或者其他一些样品原本没有的元素?

样品在制样、转运的过程中和空气接触，样品表面会随机吸附空气中的一些物质，包括烷烃类、芳烃类、酯类等，当这些物质吸附量达到检测下限时，就会被探测器检测到。我们最常见到的便是碳氧元素，如果测到一些样品有不该有的金属元素如铝、铜等，考虑是否来自基底的元素。如果测试含硫的物质出现钼，测试含铟的物质出现钾，测试含溴的物质出现铝，则考虑是不是遇到了重叠峰的现象，导致结果出现误判。此时可增大加速电压（该元素临界激发能的 2 ~ 3 倍），激发某些元素在其他线系的能谱峰：如 Al（K 1.49）和 Br（L 1.48）接近，可以增大电压至 30 kV，通过 Br（K 11.9）的能谱峰判定是否有 Br。

（3）H 和 He 元素为什么不能测 XPS?

主要原因有三点：①H 和 He 的光电离界面小，信号太弱。②H 1s 电子很容易转移，在大多数情况下会转移到其他原子附近，难以检测。③H 和 He 没有内层电子，其外层电子用于成键，H 以原子核形式存在，用 X 射线去激发时，没有光电子可以被激发出来。

（4）如何确保样品分析面不受污染?

样品可使用丙酮、正己烷、三氯甲烷等溶液清洗。样品制备或处理时使用玻璃制品（表面皿、称量瓶等）或者铝箔放置样品，禁止直接使用塑料容器、塑料手套和工具等，以免硅树脂或纤维污染样品表面。

（5）什么是荷电校正，如何进行荷电校正?

XPS 分析中，样品表面导电差或虽导电但未有效接地。此时，当 X 射线不断照射样品时，样品表面发射光电子，表面亏电子，出现正电荷积累（XPS 中荷正电），从而影响 XPS 谱峰。XPS 测量绝缘体或半导体时，需要进行荷电校正。常用方法是以吸附的碳元素 C 1s 峰作为基准峰进行校准，这是因为碳元素存在于大多数样品中，且峰位置相对稳定。碳单质的 C 1s 标准峰位，一般采用 284.8 eV 作为参考值。XPS 测量出实际样品中的 C 1s 峰位，碳单质的标准峰位减去实际测得的峰位即为荷电校正值 Δ。对于样品谱图中的其他元素，将其测得的结合能加上 Δ，即是校正后的峰位。注意：在整个校正过程中，XPS 谱图的强度保持不变。这种方法可以消除荷电效应引起的偏差，使测量到的结合能更加接近实际值，从而提高 XPS 分析的准确性。

（6）XPS 表征的是样品的表面还是体相?

XPS 是一种典型的表面分析手段，原因在于尽管 X 射线能够穿透样品相对较深的区域，但是由于光电子在逃逸过程中会不断与周围原子发生碰撞损耗能量，只有近表面薄层射出的光电子才可能克服表面势垒而成功逃逸，并被探测器捕捉到。探测深度 d 主要由电子的逃逸深度 λ 决定，通常认为取样深度 $d = 3\lambda$，逃逸深度与材料的性质有关，不同材料 λ 值也会有所不同。对于金属，由于其内部有大量自由电子与光电子发生碰撞，能量迅速损耗，因此金属的 λ 较浅，在 0.5 ~ 3 nm 之间；对于氧化物、陶瓷等无机非金属材料，λ 在 2 ~ 4 nm 之间；而有机物和高分子材料，其内部电子结构相对松散，光电子能量损耗较少，逃逸深度会深一些，在 4 ~ 10 nm 之间。因此，我们需要注意 XPS 分析是一种表面分析手段，它主要反映的是样品表面的化学信息，而非样品内部。

参考文献

[1] LU C H, LI J, CHEN G Y, et al. Self-Z-scheme plasmonic tungsten oxide nanowires for boosting ethanol dehydrogenation under UV-visible light irradiation [J]. Nanoscale, 2019, 11 (27): 12774 - 12780.

[2] LU C H, YOU D T, LI J, et al. Full-spectrum nonmetallic plasmonic carriers for efficient isopropanol dehydration [J]. Nature communications, 2022, 13 (1): 1 - 8.

[3] YE J Y, DAI K, WANG Z G, et al. Beneficial effects of Sc/Zr addition on hypereutectic Al - Ce alloys: modification of primary phases and precipitation hardening [J]. Materials science and engineering: a, 2022, 835: 1 - 10.

[4] LI J, CHEN G Y, YAN J H, et al. Solar-driven plasmonic tungsten oxides as catalyst enhancing ethanol dehydration for highly selective ethylene production [J]. Applied catalysis b: environmental, 2020, 264: 1 - 6.

[5] TIAN D H, LU C H, SHI X W, et al. Surface electron modulation of a plasmonic semiconductor for enhanced CO_2 photoreduction [J]. Journal of materials chemistry a, 2023, 11 (16): 8684 - 8693.

[6] LI J, LIU L, CHEN X Q, et al. Dual-functional nonmetallic plasmonic hybrids with three-order enhanced upconversion emission and photothermal bio-therapy [J]. Laser & photonics reviews, 2022, 16 (11): 1 - 10.

相关网站

1. **无机晶体结构数据库**

网址：https：//icsd. fiz-karlsruhe. de。

德国 FIZ Karlsruhe 提供的全球最大的无机晶体结构数据库，收集提供除了金属和合金以外、不含 C—H 键的所有无机晶体结构信息，包括了化学名和化学式、矿物名和相名称、晶胞参数、空间群、原子坐标、热参数、位置占位度、R 因子及有关文献等各种信息，对于研究无机晶体的性质、合成、应用等都具有重要的参考价值。

2. **晶体学开放数据库**（Crystallography Open Database，COD）

网址：http：//crystallography. net。

COD 的化合物较少，对于一些常见的物质有其 CIF 文件和基本信息，数据库公开免费。

3. **美国矿物晶体结构数据库**

网址：http：//rruff. geo. arizona. edu/AMS/amcsd. php。

这个网站是一个包括发表在美国矿物学家、加拿大矿物学家、欧洲矿物学和矿物物理化学期刊以及从其他期刊中选取数据集的晶体结构数据库的接口。数据库提供交互式软件套件，可以用于查看和设置晶体结构和计算晶体的不同性质，例如几何形状、衍射图案和晶体电子密度。

4. NIST **网站**

网址：https：//srdata. nist. gov/。

NIST 网站是认可度比较高的网站，可以通过结合能查找资料，也可以通过元素查找资料，有对应的参考文献。

5. XPSFITING **网站**

网址：http：//www. xpsfitting. com/。

XPSFITING 网站是集谱图和结合能数据于一体的网站，可供分析 XPS 数据的用户查阅。

4　材料的光谱响应分析

4.1　紫外—可见吸收光谱

紫外—可见吸收光谱是分子内电子在紫外—可见光照射下发生能级跃迁所形成的分子光谱。紫外光谱根据波长不同，分为 10 ~ 200 nm 的远紫外区和 200 ~ 400 nm 的近紫外区。远紫外区能量高，往往涉及分子中深层次的电子跃迁，而许多化合物在近紫外区会产生特征吸收。可见光区波长范围在 400 ~ 760 nm，该波段中较大共轭体系（烯烃、芳香烃）的分子结构会展现出明显的特定波段吸收。以上述光谱建立的分析法，称为紫外—可见分光光度法。

4.1.1　分光光度法基本定律

朗伯—比尔定律是比色法分析的重要依据。它表明在一定温度、溶剂和波长条件下，物质的吸光度与其浓度和光程长度（吸收池厚度）成正比。当一束单色平行光线穿透含有吸收性物质的介质时，部分光线会被该介质吸收，部分光线则通过介质，还有部分光线会被介质表面反射。将入射光强度标记为I_0、吸收光强度标记为I_a、透过光强度标记为I_t、反射光强度标记为I_r，则它们之间的关系为：

$$I_0 = I_a + I_t + I_r \tag{4-1}$$

在紫外—可见分光光度法检测中，所选用的比色皿和参比池均由同等光学品质的玻璃制成，因此它们反射光强度 I_r大致相等，相互影响可以视为相抵，故式（4 - 1）可简化为：

$$I_0 = I_a + I_t \tag{4-2}$$

固定入射光强度 I_0、吸收光强度 I_a的增加将导致透射光强度 I_t的减少，这意味着透过介质的光强度降低，反映出吸光物质的吸光能力增强。

1. **朗伯定律**

单色光穿过吸光物质时，吸收光强度与介质层厚度呈正相关，即：

$$A = \log_{10}\left(\frac{I_0}{I_t}\right) = K'b \tag{4-3}$$

式中，A 是吸光度，无量纲；I_0为入射光强度；I_t是透射光强度；K'是比例常数；b 为介质厚度。

2. 比尔定律

当单色光穿过吸光物质时，光吸收程度与该物质微粒数量（即物质浓度）呈正相关，即：

$$A = \log_{10}\left(\frac{I_0}{I_t}\right) = K''c \tag{4-4}$$

式中，K''是比例常数；c 为物质浓度。

3. 朗伯—比尔定律

如果需要同时关注介质厚度与物质浓度对吸光度所造成的影响，即把朗伯定律与比尔定律整合起来，则上述公式可合并为：

$$A = \log_{10}\left(\frac{I_0}{I_t}\right) = Kbc \tag{4-5}$$

式中，当浓度 c 以 $mol \cdot L^{-1}$为单位，介质厚度 b 以 cm 为单位时，K 称为摩尔吸光系数，单位为 $L \cdot mol^{-1} \cdot cm^{-1}$。

当一束平行单色光穿过均匀介质时，它的吸光度正比于吸光物质的浓度与光线穿透的介质层厚度之乘积，这构成了紫外—可见分光光度法定量分析的根本原理，即朗伯—比尔定律。

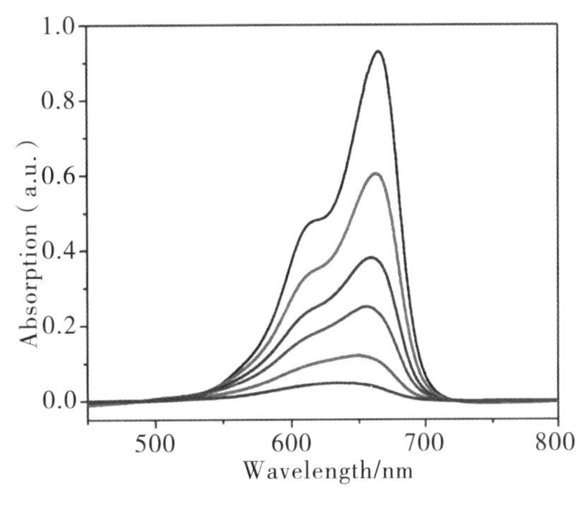

图 4－1 不同浓度亚甲基蓝（MB）水溶液的吸收曲线

将波长设为横轴，吸光度设为纵轴进行绘图，可以获得吸光物质的吸收光谱图，它反映了物质对不同波长光的选择性吸收情况。图 4－1 是不同浓度亚甲基蓝（MB）水溶液的吸收曲线，同一物质在相同介质中，同一波长处的吸光度与浓度成正比，但最大吸收波长 λ_{max}不随浓度变化而改变。[1]

多组分共存且组分之间不存在相互影响，则系统在特定波长处的整体吸光度等同于所有组分吸光度的算术和，这表现出吸光度的累加性。

$$A = A_1 + A_2 + \cdots + A_n = K_1bc_1 + K_2bc_2 + \cdots + K_nbc_n \tag{4-6}$$

4. 偏离朗伯—比尔定律的原因

（1）非单色光引起的偏离（不同波长处物质的 K 不同）。

（2）溶液本身的化学或物理因素（例如介质不均匀引起散射等）。

（3）溶液中的化学反应（解离、缔合等引起组分改变，K 亦改变）。

（4）溶液的浓度过高（吸光质点间的相互作用）。

4.1.2 仪器构造和使用方法

1. 仪器结构

紫外—可见分光光度计的基础构造包括光源、单色器、吸收池、检测器及信号显示系统（见图4-2）。

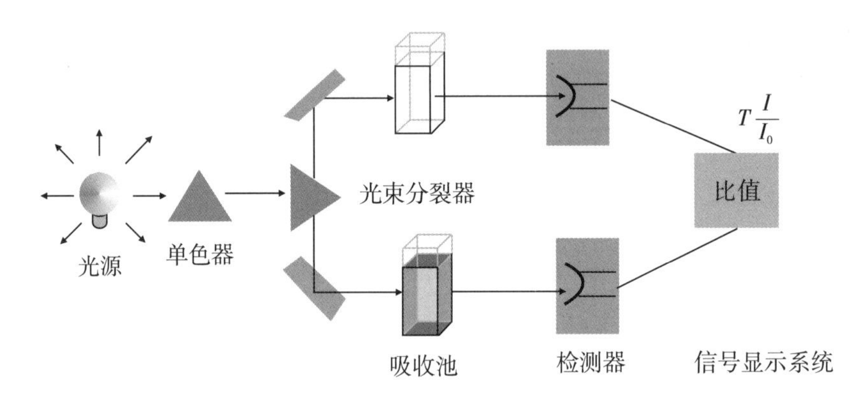

图4-2 紫外—可见分光光度计结构示意图

（1）光源：光源的作用是提供入射光，它须具备充足的发光强度并且能够保持长期的稳定性，通常分为热辐射光源和气体放电光源两种类型。在可见光范围内，常用的热辐射光源包括钨灯和卤钨灯，波长范围通常在350～1 000 nm之间；而气体放电光源则适用于紫外光区域，通常选用氢灯、氘灯和氙灯等，波长介于180～360 nm之间。

（2）单色器：单色器用于把来自光源的复合光解析成单色光，并提取出需要的单色光束。

（3）吸收池：吸收池也被称为比色皿，用于容纳待测溶液以进行吸光度的测量。它的底部和两侧采用磨砂玻璃，而正、背面则是光学透光面，以降低光反射造成的损耗，确保吸收池的透光面严格垂直于光束的传播方向。通常，吸收池分为玻璃池和石英池两类，前者适用于可见光区的测量，后者适合于紫外光区域的应用。

（4）检测器：在测量吸光度时，检测器并非直接测量透光强度，而是采用了一种更为精确和灵敏的方式——基于光电效应原理，将光信号转换为电流信号。

（5）信号显示系统：将检测器输出的信号放大并显示出来。

2. 使用方法

仪器使用方法以日本JASCO V-770紫外—可见近红外分光光度计为例。V-770配置了单色器系统，可在全波长范围内实现超低噪声测量，测定波长范围可延伸至近红外光区。

（1）开机前保证样品仓内无其他样品，以免遮挡光路。

（2）打开主机电源开关，指示灯亮，仪器自检，绿灯闪烁。当有鸣响声发出且绿灯不闪时，自检完成。

（3）打开计算机，启动“Spectra Manager”软件，点击“Spectra Measurement”，进入图4－3所示界面。

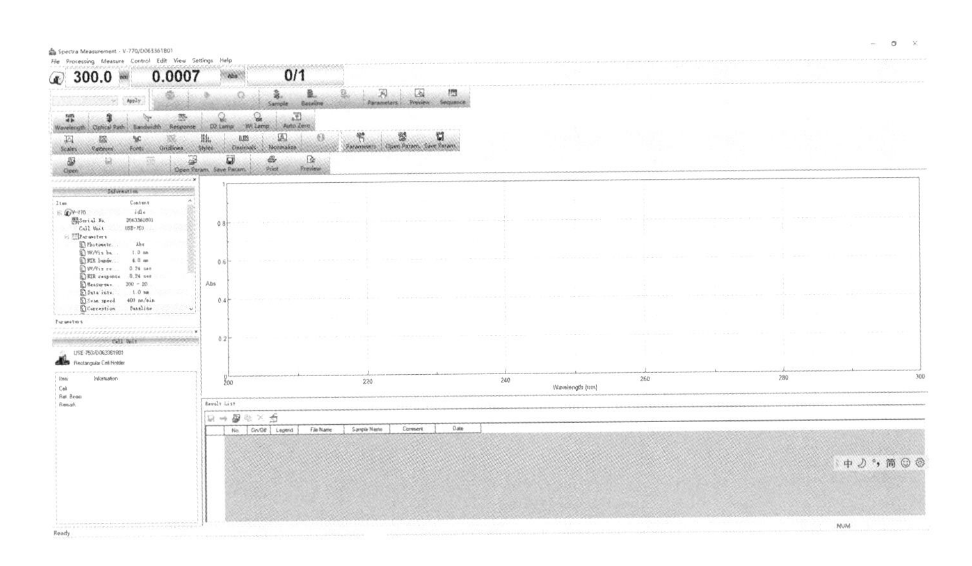

图4－3　Spectra Manager软件界面

（4）点击工具栏中的“Processing”，然后选择“Settings”，设置测试数据自动保存的格式和位置，如图4－4所示。

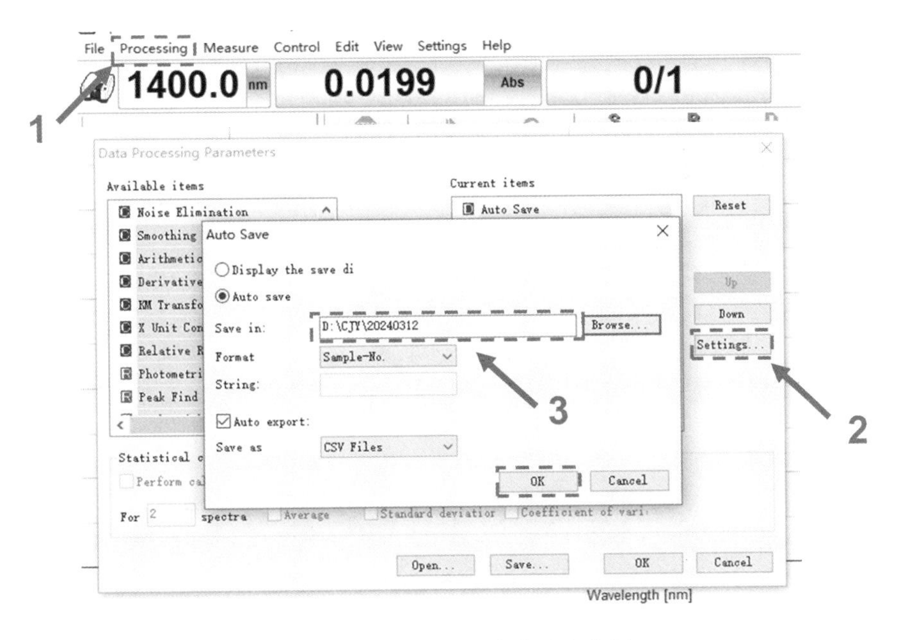

图4－4　设置数据保存格式和位置

（5）设置实验参数：点击“Parameters”，选择“Abs”，设置扫描波长范围，在开始（Start）和结束（End）框中分别输入相应的波长，如 1 400 和 200，设置扫描速度（一般选择 0. 24 sec）和采样间隔（一般为 1. 0 nm）等，如图 4 – 5 所示。

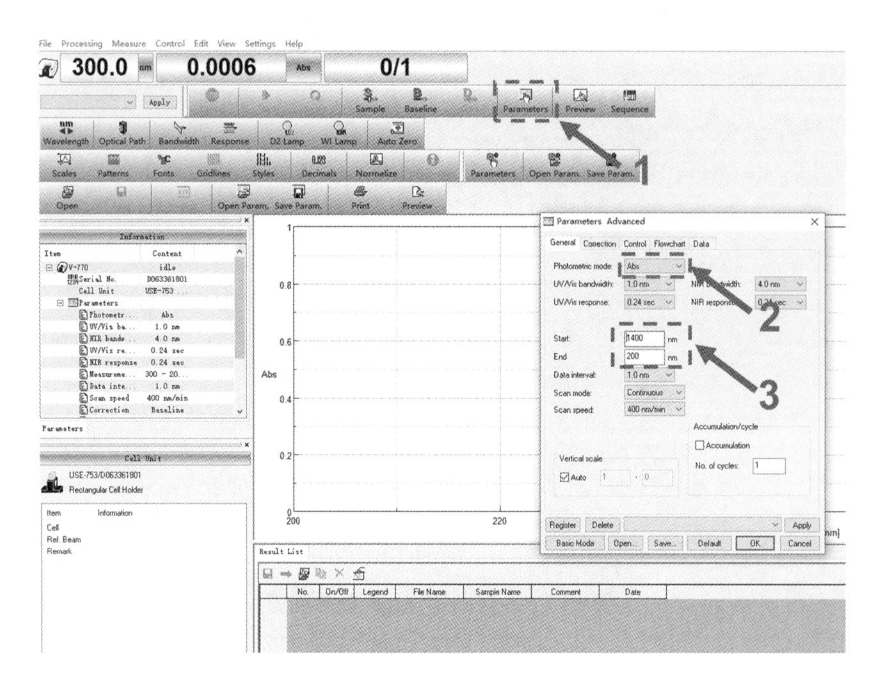

图 4 – 5　设置实验参数

（6）基线校正：选择正确的样品池并更换（注意：液体样品和固体样品使用的样品池是不同的）。点击光度计状态栏中的“Baseline”进行基线的初始化操作，在校正前要确定样品池中没有任何待测样品，然后点击“Measure”进行基线校正，如图 4 – 6 所示。

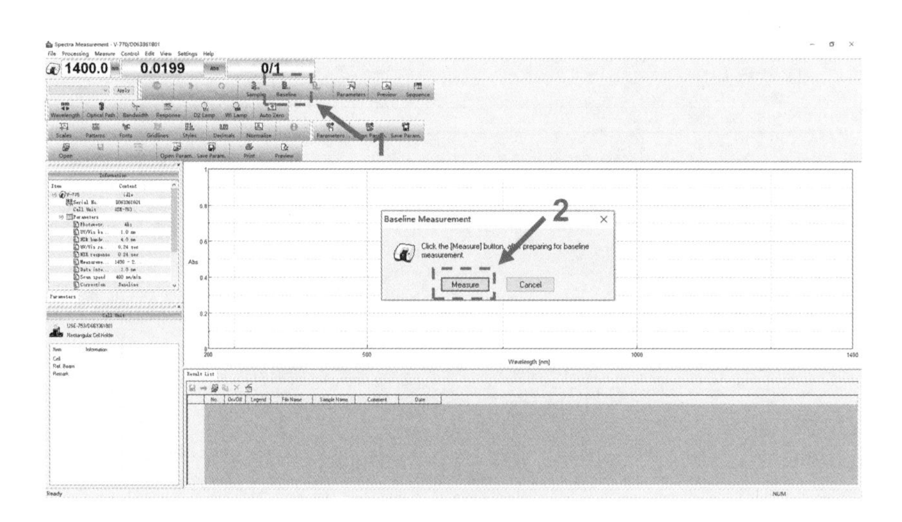

图 4 – 6　基线校正

（7）样品测量：打开分光光度计的样品室盖，将样品放入样品池（见图4-7）后关闭样品室盖。点击“Sample”，在“Sample name”一栏中命名样品，然后开始测量，数据会自动保存在（4）设置的文件夹中。

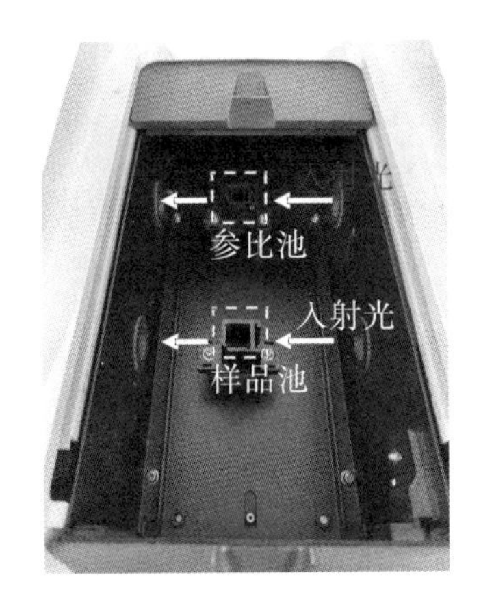

（a）液体样品池

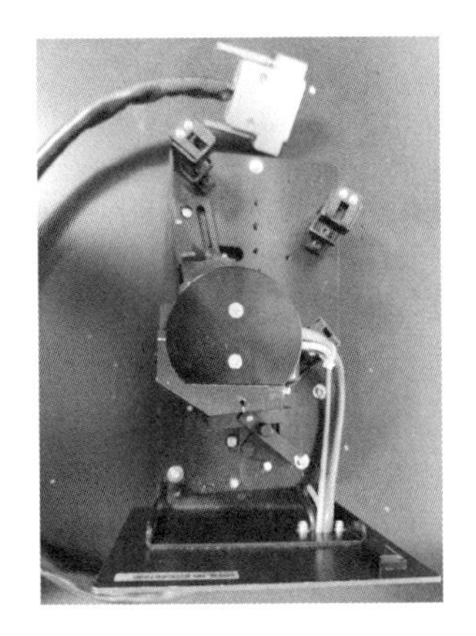

（b）固体样品池

图4-7 液体和固体样品池实物图

（8）关机：依次关闭软件、仪器电源、计算机。

注意事项：

（1）放入比色皿时务必小心轻放，确保比色皿完全进入槽中。

（2）扫描过程中切忌打开或试图打开舱门。

（3）在换样品时，要随时关闭舱门，不能让舱门大敞。

（4）样品测量结束后，及时取出仓内样品，保持仓内清洁。

（5）实验结束后，及时关闭仪器，减少仪器的光源的使用。

4.1.3 薄膜、溶液等样品制样

1. 测试样品要求

液体、透明薄膜选择吸收或透过；粉末、块体等选择吸收或反射。

（1）粉末样品。

一般需要 30 mg 以上，块状或薄膜样品要求尺寸≥1 cm×1 cm，测试范围为 200～2 500 nm。

（2）液体样品。

配制合适浓度的溶液，样品量 5 mL 或以上（润洗池子+测样 3 mL），吸光度范围达

3 Abs，浓度范围一般是 10 ppb ~ 1 000 ppm，测试范围是 200 ~ 3 300 nm。非水溶剂应提供对应空白溶剂，测试时扣除背景使用。

2. 测试注意事项

（1）实际测试中，液体样品的参比样不一定选用空白溶剂，可根据需要设置。比色皿最好选用石英比色皿，紫外和可见光区都适用。

（2）粉末样品可以放置在样品槽，用石英皿压紧，或者直接压片测试；如果样品量较少或样品吸收太强，为了分析峰型，也可以加入 $BaSO_4$ 和样品混匀，再放置测试。

（3）比色皿内溶液一般为皿高的 $\frac{2}{3} \sim \frac{4}{5}$，不能过满，以防液体溢出腐蚀仪器。测试时应保持比色皿清洁，切勿用手直接触摸透光面。

（4）对于块体、薄膜的测试，只需将测试面对准积分球样品窗口，用夹具固定，在参比窗口一侧放参比白板，即可测样品的漫反射光谱。

4.1.4 常见有机基团的吸收带

1. 分子的电子光谱

分子内部运动及能级和对应的吸收光谱如表 4 - 1 所示。

表 4 - 1 分子内部运动及能级和对应的吸收光谱

运动模式	能级	吸收光谱
价电子运动	电子能级	紫外—可见光区
分子内原子在平衡位置附近的振动	振动能级	红外光区
分子绕其中心的转动	转动能级	远红外光区

分子在发生电子能级跃迁的同时，伴随着振动能级和转动能级的跃迁。由于转动谱线彼此间的波长间距只有 0.25 nm 左右，即使在气相中，由分子热运动引起的多普勒和碰撞展宽效应而产生的谱线展宽也会超过此间距。因此，分子的吸收光谱是无数相互靠近的谱线组合而成的一连串吸收带。当物质由气态变为溶液时，其分子的吸收光谱中一般会失去振动精细结构。当溶质在溶剂中溶解时，溶质分子被溶剂分子环绕，其自由旋转受到阻碍，导致转动光谱的消失。溶剂的极性较强时，会进一步限制溶质分子的振动，使得由振动产生的精细结构消失。分子的电子光谱只呈现宽带状，因此分子的电子光谱又称为带状光谱。图 4 - 8 是 1，2，4，5 - 四嗪（1，2，4，5-tetrazine）在气态（Gaseous）、非极性溶剂——环已烷（Cyclohexane）和极性溶剂——水（Water）中的吸收光谱。[2]

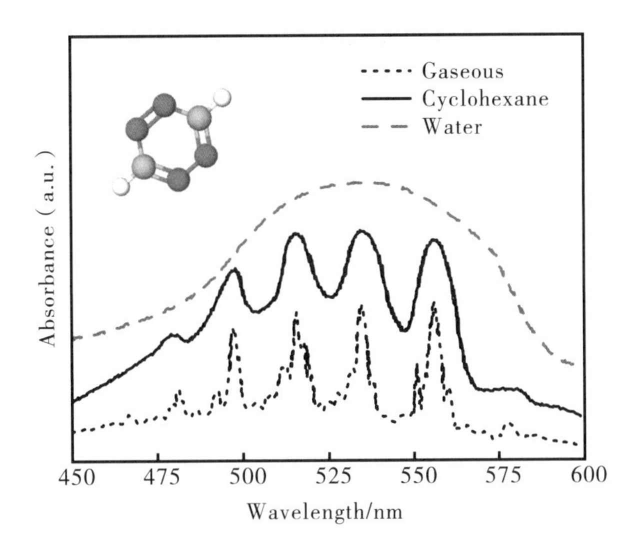

图4－8　1，2，4，5－四嗪在不同溶剂中的吸收光谱

2. 有机化合物分子电子跃迁和吸收带

与有机物分子的紫外—可见吸收光谱有关的价电子包括：构成单键的σ电子，构成双键的π电子以及非键合的n电子（亦称为p电子）。当这些价电子吸收特定能量时，会跃迁至更高能级（即激发态），此刻电子所处的轨道被称作反键轨道。在有机物分子中，各种电子的能级顺序是$\sigma^* > \pi^* > n > \pi > \sigma$（标有＊的为反键电子），如图4－9所示。

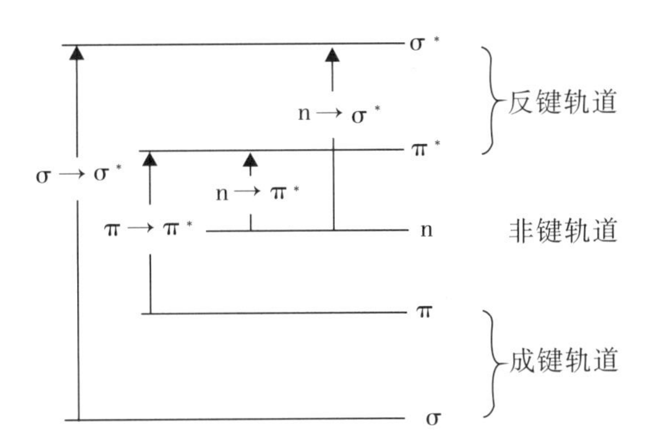

图4－9　有机物分子内各种电子的能级

（1）$\sigma \rightarrow \sigma^*$跃迁。

该跃迁所需能量最大，$\lambda_{max} < 170$ nm，位于远紫外光区或真空紫外光区（见图4－10）。[3]由于小于160 nm的紫外光会被空气中的氧所吸收，该光谱需要在无氧或真空条件下测定。饱和有机化合物的电子跃迁发生在远紫外光区，其在紫外—可见光谱分析中常用作溶剂。

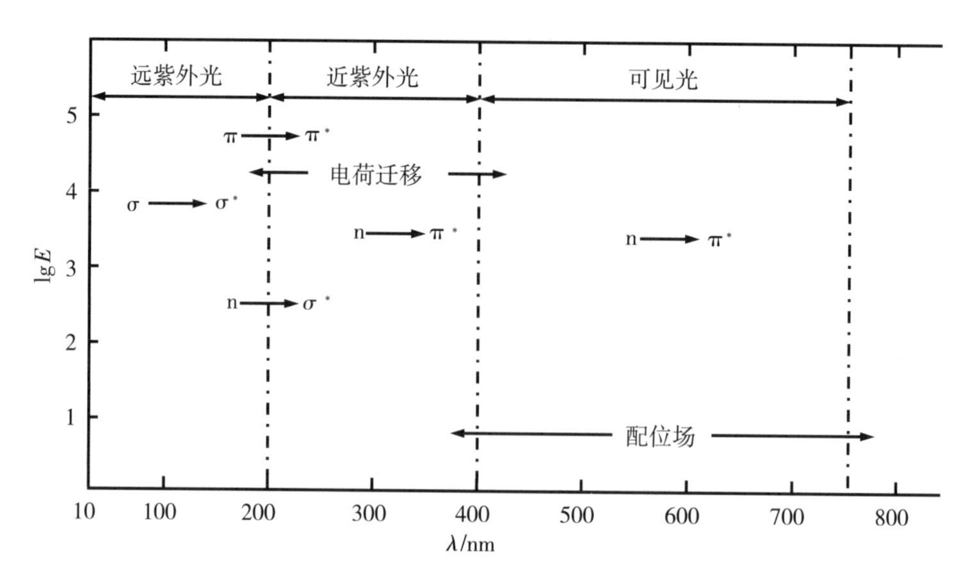

图 4－10 电子跃迁所处的波长范围及强度

（2）$\pi \to \pi^*$ 和 $n \to \pi^*$ 跃迁。

有机化合物分子需要含有不饱和基团，以便提供 π 轨道。那些能够引起紫外—可见光吸收的官能团被称作色基，通常涉及一个或多个不饱和键，比如 C═C、C═O、N═N、N═O 等。

在简单不饱和有机化合物分子中，若含有几个双键，但它们被两个以上的 σ 单键隔开，则吸收带位置不变，强度略有增加。如果这些双键只间隔一个单键，即形成共轭体系，则原吸收带消失而产生新的吸收带。根据分子轨道理论，共轭效应使 π 电子进一步离域，在整个共轭体系内流动。这种离域效应使轨道具有更大的成键性，从而降低了能量，使 π 电子更易激发，吸收带的最大波长向长波方向移动，颜色加深，摩尔吸光系数增大，这种效应称为红移效应。

（3）$n \to \sigma^*$ 跃迁。

相应的吸收峰波长在 200 nm 附近。S、N、O、Cl、Br、I 等杂原子含有未成键的 n 电子对，其饱和烃的衍生物在较长波长处比相应的饱和烃多一个吸收带。杂原子的电负性越小，电子越易被激活，能使吸收峰向长波方向移动，而其本身在 200 nm 以上不产生吸收的杂原子基团称为助色团，如－NH、－NR、－OH、－OR、－SR、－Cl、－Br、－I 等。[3]

（4）电荷迁移吸收带。

当某些有机或无机化合物受到外部辐射时，电子可能会从这些化合物中的电子给体（donor）部分，转移到具备电子受体（acceptor）特性的另一部分。由此而产生的电荷转移吸收带，吸收强度大，$K_{max} > 104$ L/(mol · cm)。

（5）配位体场吸收带。

过渡金属络合物是有色的，颜色形成的原因是含有 d 电子和 f 电子的过渡金属离子可以产生配位体场吸收。过渡金属离子及其化合物有两种不同形式的跃迁：一为电荷迁移跃迁；另一为配位场跃迁。配位场跃迁包括 d－d 跃迁和 f－f 跃迁，这两种跃迁必须在配位体的配位场作用下才有可能发生。吸收带一般在可见光区，K_{max}为 0.1～100 L/(mol · cm)，吸收很弱，较少用于定量分析，但可用于研究无机配合物的结构以及键合理论等。

3. 吸收带影响因素

（1）共轭体系：共轭体系增大，λ_{max}红移，K_{max}增大。

（2）空间位阻：较大的取代基使共轭分子共平面性变差，λ_{max}蓝移，K_{max}降低。

（3）取代基：共轭体系中，给电子或吸电子基团存在时，产生分子内电荷迁移吸收，λ_{max}红移，K_{max}增大。倘若两种基团同时存在，则效应更加明显。

（4）溶剂：溶剂极性增大，$\pi \to \pi^*$ 跃迁吸收带红移，$n \to \pi^*$ 跃迁吸收带蓝移。

4.1.5 从吸收谱求带隙

禁带宽度，亦称为带隙，指的是半导体中电子从价带跃迁到导带成为自由电子所需的能量。电子从价带最高点（E_v）跃迁到导带最低点（E_c），需要能量为 E_g，其单位为电子伏（eV），如图 4－11 所示。禁带宽度的具体大小主要由半导体的能带结构决定，这与其晶体结构及原子间的结合特性密切相关。我们可以利用 Tauc Plot 法从吸收光谱中获取材料带隙信息。

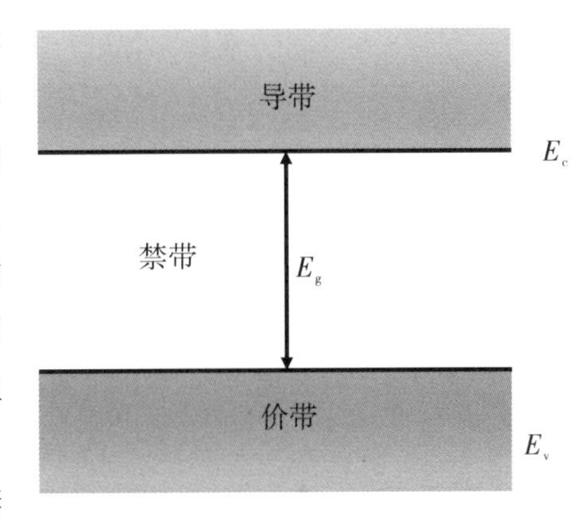

图 4－11 半导体能带图

在半导体中，价带和导带的电子主要集中在禁带周围。因此，当光子的能量与禁带宽度相近时，许多电子能够吸收光子的能量进行跃迁，吸收系数会随光子数量的增加而提高。半导体材料的带隙与吸收系数之间具有特定的关联性：

$$\alpha h\nu^{\frac{1}{n}} = B(h\nu - E_g) \tag{4-7}$$

式中，α 为吸收系数，h 为普朗克常数，ν 为入射光子频率，$h\nu$ 为光子能量，B 为常数（>0），E_g为半导体禁带宽度。n 值与半导体的种类密切相关，在直接带隙半导体中，n 取值为$\frac{1}{2}$；而在间接带隙半导体中，n 取值为 2。

所谓直接带隙，是指半导体中导带的最低能量点与价带的最高能量点在 k 空间相同的位置上，这种情况下电子从价带跃迁至导带仅需吸收能量而无须声子介入。相比之下，在间接带隙的半导体中，导带的最低能量点与价带的最高能量点位于 k 空间的不同位置，这意味着电子在形成半满能带的过程中，除了需要吸收能量外，动量也会发生改变。

在直接带隙半导体中，电子从价带到导带的直接跃迁是因为受到激发，而在间接带隙半导体中，电子从价带跃迁到导带，需要通过一个弛豫过程才能达到导带的最低能态，如

图 4－12 所示，此过程中部分能量会以声子形式散失。因此，考虑到能量的有效利用，直接带隙半导体在光能转换效率方面表现得更为优异。常见的半导体材料比如 GaAs、InP、ZnO 等属于直接带隙半导体，而 Si、Ge 等属于间接带隙半导体。

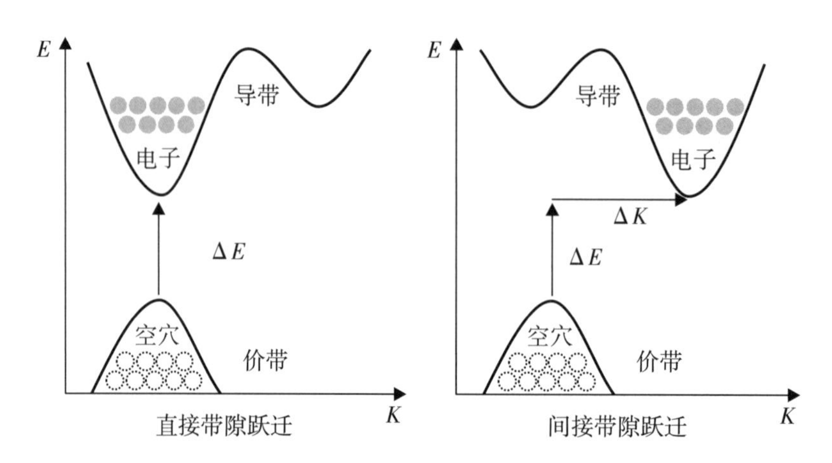

图 4－12　直接带隙与间接带隙

吸收光谱得到的是材料的吸光度（A）与对应入射光波长（λ）的关系，根据上文的朗伯—比尔定律可知吸光度与吸收系数成正比关系，即：

$$A = K\alpha \tag{4-8}$$

由式（4－7）、式（4－8）可得：

$$(Ah\nu)^{\frac{1}{n}} = BK^{\frac{1}{n}}(h\nu - E_g) \tag{4-9}$$

又 $h\nu = h\dfrac{c}{\lambda} \approx \dfrac{1\,240}{\lambda}$，令 $C = BK^{\frac{1}{n}}$，则式（4－9）可改写为：

$$\left(A\frac{1\,240}{\lambda}\right)^{\frac{1}{n}} = C(h\nu - E_g) \tag{4-10}$$

如果以$\left(A\dfrac{1\,240}{\lambda}\right)^{\frac{1}{n}}$的数值为纵坐标 y，以 $h\nu$ 的数值为横坐标 x 进行作图，式（4－10）即线性等式 $y = C(x - E_g)$，在这种情况下，通过对直线段进行线性回归分析得到的与 x 轴的交点，其数值正是所要测定的禁带宽度 E_g 值，如图 4－13 所示。

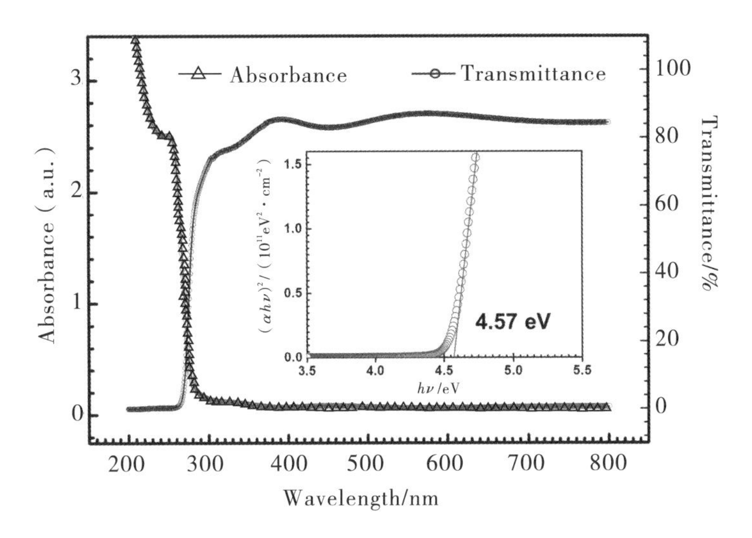

图 4－13　从吸收光谱解析禁带宽度示意图

4.1.6　科研实例分析

1. 金纳米棒的尺寸与共振吸收

金纳米棒具有横向和纵向两种表面等离子体共振（SPR）模式，分别对应于垂直和平行棒长度方向的电子振荡。它们的表面等离子体共振波长在可见光到红外光区域内可调。Hinman 等人利用种子生长法制备了具有不同长径比（长度与直径之比）的金纳米棒。[4] 如图 4－14所示，他们分别测量了长径比为 2.4、2.7、3.6、4.4 和 6.1 的金纳米棒的归一化吸收光谱（从上到下）。他们发现对于具有固定长径比的金纳米棒，散射吸收比随着直径的增加而增加。当金纳米棒的直径固定，长度逐渐增加时，吸收峰会逐渐红移，且强度逐渐上升；当金纳米棒的长度固定，直径逐渐增加时，吸收峰会逐渐蓝移，强度逐渐上升，这表明吸收在各向异性缩短的金纳米棒中占主导地位，而散射在横向过度生长的金纳米棒中占主导地位。

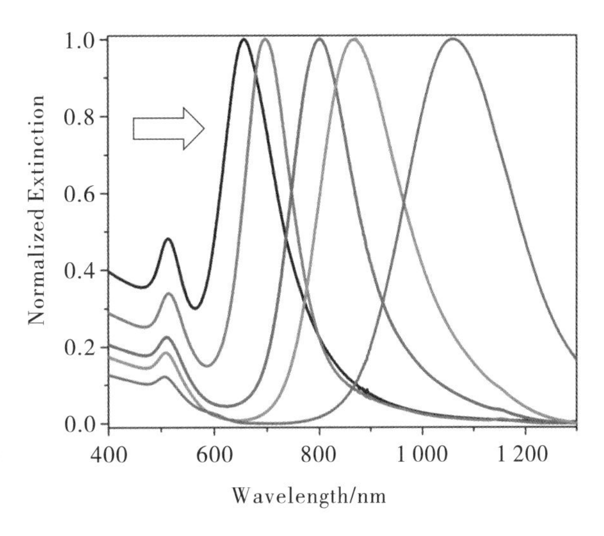

图 4－14　不同长径比的金纳米棒归一化吸收光谱[4]

2. 富含氧空位的表面等离子体氧化钨的吸收

去除三氧化钨（WO_3）中的氧原子，可以在 WO_3 晶格中形成无序结构，从而产生大量的氧空位，获得 WO_{3-x}。氧空位（OVs）本质上是一种固有缺陷，却可以作为电子供体中心来调节材料的光学性质。随着 OVs 的进一步引入，WO_{3-x}的性质逐步从半导体转变为金属，在可见—近红外（Vis - NIR）光区域表现出较强的局域表面等离子体共振特性。Wang 等人通过在不同的气体氛围下处理原始 WO_3，制备了一系列具有不同氧空位含量的 WO_{3-x}，并且发现随着氧空位数量的增加，样品在可见光和近红外光区域的光吸收得到增强，样品颜色逐渐加深。[5] 通过计算可得，E_g 范围为 2.25 ~ 2.41 eV（见图 4 - 15）。WO_3-H100样品显示出最强烈的光吸收和最窄的带隙。由此可见，引入 OVs 可以增强 WO_{3-x}对可见光的吸收。

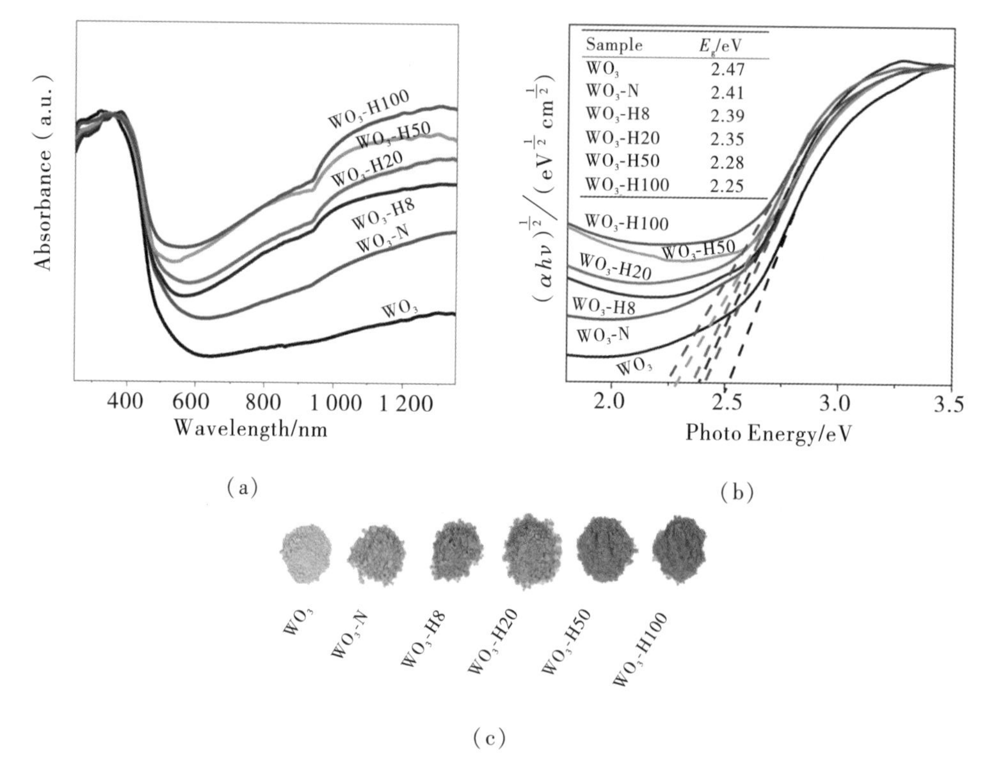

图 4 - 15 具有不同比例氧空位的 WO_{3-x}的吸收和带隙[5]

3. 有机分子基团吸收的溶剂效应

前面我们提到当一种物质在溶剂中溶解，溶剂分子就会环绕并分散这些溶质，使其分子自由转动受到限制，导致吸收光谱发生改变。这里以银纳米颗粒（Ag NCs）为例，Mahmoud 等人测量了组装在石英衬底表面上的单层 Ag NCs 在空气和不同溶剂［例如甲醇、水、乙醇、四氢呋喃（THF）、二氯甲烷、氯仿和四氯化碳］中的表面等离子体共振吸收光谱（见图 4 - 16）。[6] 发现 Ag NCs 的 SPR 峰位置随着周围溶剂折射率的增加而发生红移，且最强共振峰的半峰宽也随着折射率的增加而增加，即 SPR 峰发生展宽。

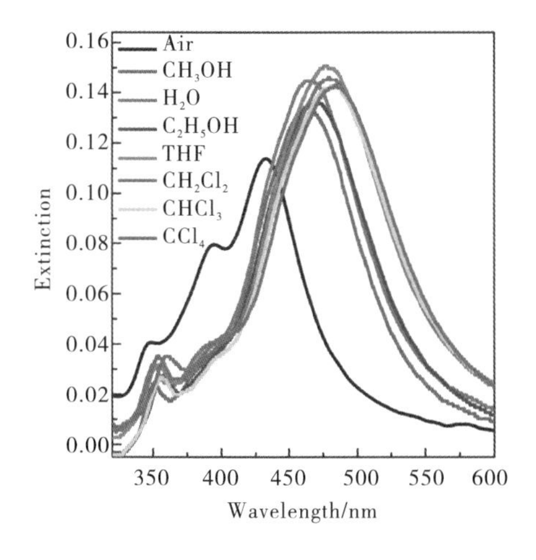

（a）Ag NCs 在不同溶剂中的 SPR 吸收

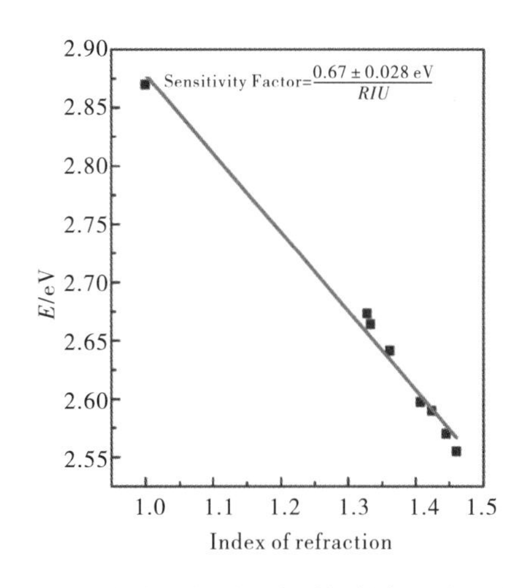

（b）SPR 峰位置与周围介质折射率的线性关系

图 4－16　不同折射率溶剂中 Ag NCs 的 SPR 吸收光谱

4. 二氧化钛薄膜的带隙测量

Singh 等人使用射频磁控溅射结合热退火法制备了不同厚度的 TiO_2 薄膜，并利用紫外—可见吸收光谱对制备的纳米 TiO_2 样品的光学性质进行了研究。[7] 厚度为 20 nm、40 nm、80 nm 和 100 nm 的薄膜分别标记为 T2、T4、T8 和 T10。吸收光谱表明，随着薄膜厚度的增加，样品在紫外—可见光区的吸光度增加。TiO_2 是间接带隙半导体，使用 Tauc Plot 法来估算样品的带隙。样品的 Tauc 曲线如图 4－17（b）虚线所示。从横轴截距估算出样品 T2、T4、T8 和 T10 的带隙分别为 3.4 eV、2.8 eV、3.0 eV 和 2.9 eV，表明随薄膜厚度增加，其光学带隙也发生了明显变化。

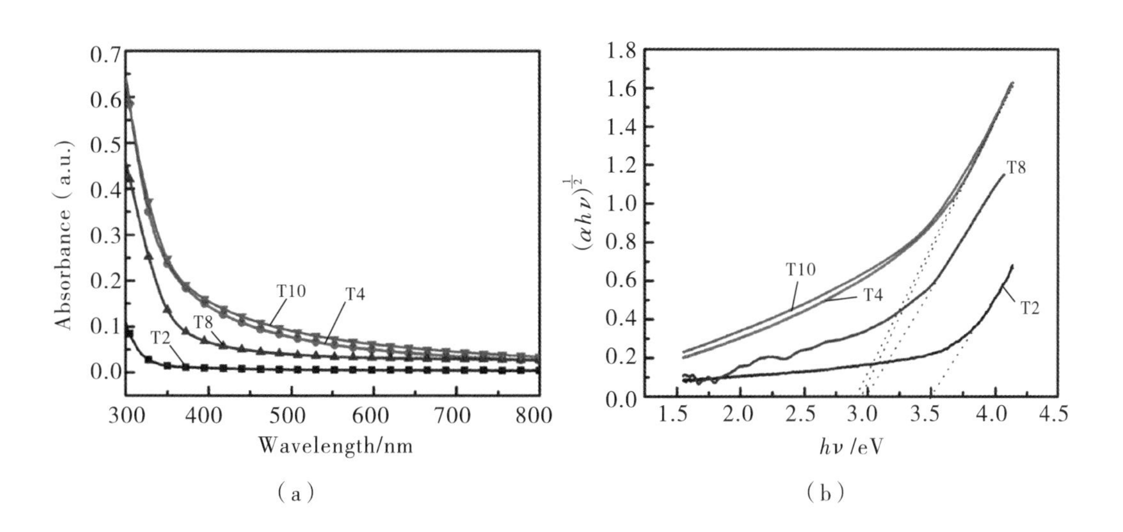

图 4－17　不同厚度的 TiO_2 薄膜的吸收和带隙

4.1.7　常见问题解答

（1）测试谱图中出现跳跃信号是什么原因？

这可能是由于仪器测试中，存在光源、检测器的切换，造成谱图上信号跳跃。光源切换时，从可见光到紫外光，光源强度有差异；检测器切换时，从近红外光到可见光，检测器信号水平有差异，均会造成信号波动。这样的波动对于强吸收样品和弱吸收样品的影响尤为明显。具体波动的波长位置因仪器设置不同而略有差异，实际的波动情况也和样品相关。

（2）为什么会出现测试曲线粗糙、有很多毛刺的情况？

这可能是样品不均匀，导致出现毛刺峰；也可能是测试过程步长间隔太大所致的。一般对于紫外—可见光区，步长默认间隔为1 nm，对于近红外—中红外光区，步长间隔可适当大些。为了使曲线更美观，在保存好原始数据之后，可适当对曲线做平滑处理，但绝不能偏离实际情况。

（3）光谱吸光度出现负值是什么原因？

这可能是测试问题：操作不合理，舱门没有关到位；基线校正或空白扣除未做好；空白对照与样品的位置放反；参比样选择不当以及比色皿使用不规范。

这也可能是样品原因：因为测的是相对数值，我们假设参比样的吸收为零，实际上存在一些弱吸收样品的吸收比参比样还小的情况。比如我们进行固体样测试时，参比样一般为硫酸钡（$R\% \geq 99.8\%$），大部分物质反射率低于硫酸钡，但存在个别物质反射率在特定波段大于硫酸钡，就会出现负值。另外，也可能是样品中有荧光或磷光的干扰。

（4）紫外光区的吸光度可以大于1吗？

根据吸光度计算公式：$A=\lg(\frac{1}{T})$，当$T<10\%$，吸光度大于1，这可能是由于样品浓度比较大，90%的紫外光都被样品吸收了。

（5）如何计算吸收率？

吸收率并非一个严谨的概念，可理解为$1-R\%-T\%$的结果。但是实际应用中，吸收率的换算并不准确。无论是$R\%$还是$T\%$，测的都是相对数值，一般测试中并不建议算吸收率。吸收率主要体现在特殊且均质的薄膜材料、光学玻璃等上。液体样品吸收率如果要用$1-T\%$去计算，须确保样品比较稀、散射比较小或可以忽略，$R\%$就可以忽略。

（6）测试结果不符合预期，怎么办？

测试过程中可能发现某波长处的峰型很奇怪，不应该出现；特征吸收峰没有出现；预期两个样品吸光度有差异，但实际结果差别不大等。一般来说，对于常规的样品，只要仪器良好、操作得当，测试结果一般不会有较大偏差。但对于强吸收和弱吸收样品、不均匀样品，其可能导致仪器响应的一些误差和不同仪器测试的结果差异，应结合样品情况进一步分析或复测排查。

4.2　红外光谱

红外光是波长范围为0.75～1 000 μm的电磁波，可引起分子中基团的振动和转动能级跃迁，产生红外吸收光谱，该光谱也称分子振动—转动光谱。1800年，William Herschel在实验中发现红外辐射现象。20世纪初，科学家们积累了足够多的数据，逐渐形成系统化的红外吸收光谱。现在，红外光谱法已经成为有机结构分析中成熟的测试手段。

光谱学的基本思想是“物质结构决定光谱，光谱反映物质结构”。“物质结构”有两层含义：第一层是指具体的结构，例如各种化学键、官能团；第二层是指原子或分子轨道的抽象能级。红外光谱对应物质的振动和转动能级。科学家们已经积累了海量的红外光谱数据，形成了一系列特征指标或者“指纹”光谱的图库。当我们制备出未知成分的物质时，往往可以根据红外特征和数据库进行一一比对，推测它的结构。

4.2.1　分子振转能级和红外光谱

分子运动状态可以解析为：分子整体的平动（热运动）、分子（原子）内电子跃迁、振动和转动跃迁。其中，电子跃迁能级间距最大，对应紫外—可见光谱；振动跃迁能级间距比电子能级间距小得多，比转动跃迁能级间距大，对应红外光谱，如图4－18所示。

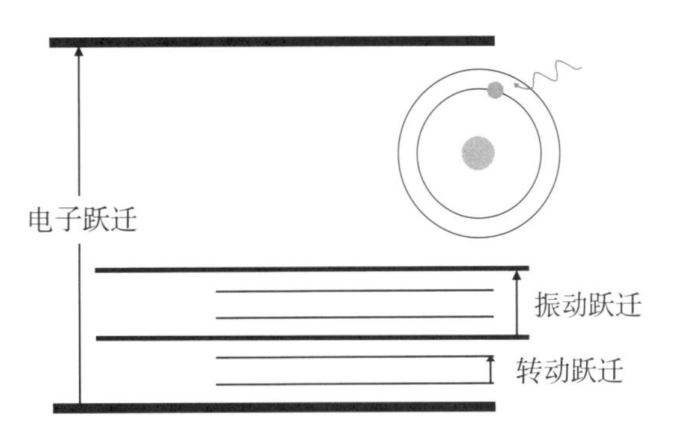

图4－18　电子跃迁和振动、转动跃迁

分子的振动可以分解为若干基本模式，这些基本模式的特点是完备正交，称为“简正模式”，每个简正模式对应于一定频率的振动能级，表现为光谱里的吸收峰。物质的红外光谱本质上就是一系列简正模式的吸收峰的叠加。简正模式一般通过解分子力学方程来求得。双原子分子O═O、C═O、H—H等只能有最简单的伸缩振动一个振动模的解；多原子分子的简正模式还有键角变化的弯曲振动。如图4－19所示，伸缩振动是指原子在键轴线方向伸缩运动，键角保持不变而键长改变的一种振动，以$\boldsymbol{v}$来表示。该振动可分为两种类型：一种是对称伸缩振动$\boldsymbol{v}_{s}$，另一种是非对称伸缩振动$\boldsymbol{v}_{as}$。弯曲振动δ指的是键角周期性改变而键长保持不变的振动。其中，弯曲振动又可细分为面内弯曲振动和面外弯曲振动两种。面内弯曲振动包括剪式振动δ_{s}和面内摇摆振动ρ。剪式振动δ_{s}涉及一系列细小、不规则的振动，这些振动模式随着物体表面的微小变化而变化，而面内摇摆振动ρ则与较大的振动模式相关，这些振动可能会导致物体在其所在平面内的摇摆运动。面外弯曲振动分为面外摇摆振动 ω 和扭曲振动 τ，这些振动情况较为复杂。

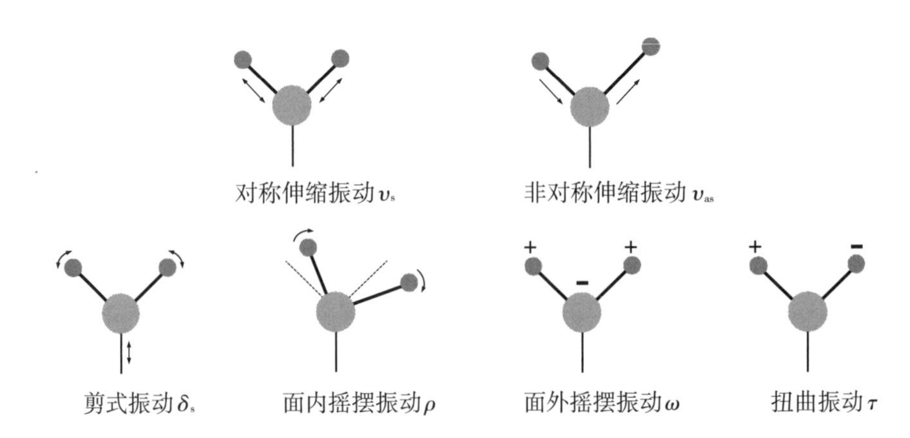

图 4－19 三原子基团振动简正模式

红外光谱根据波长可被精细划分为三个主要区域：近红外（0.78～2.5 μm）；中红外（2.5～25 μm）以及远红外（25～1 000 μm）。具体而言，近红外光谱主要源于分子的倍频和组合频的作用，它是含氢原子团如－OH、－NH、－CH 等的特征吸收区，因此在水、醇以及其他含氢化合物的成分分析和定量检测中表现出色。而中红外光谱则更多地反映了大多数有机和无机化合物分子的基频振动特性，它是最为成熟且广泛应用的光谱区域之一，常用于鉴定化合物。至于远红外光谱，它更多地展现了分子的转动特性以及某些特定基团的振动模式，为我们提供了更多关于分子结构的信息，如异构体结构、金属有机化合物、吸附现象等，但由于该光区能量较弱，很少用于分析。具体信息见表 4－2。

表 4－2 红外光谱区对应跃迁类型

红外光谱区	λ/μm	ν/cm^{-1}	能级跃迁类型
近红外（泛频区）	0.78～2.5	12 820～4 000	－OH、－NH、－CH 键倍频吸收
中红外（基本振动区）	2.5～25	4 000～400	分子振动，伴随转动
远红外（转动区）	25～1 000	400～10	分子转动

我们称可以产生红外光谱的物质为具备“红外活性”。红外活性要求分子偶极矩不为零。因此，极性分子一定具备红外活性，非极性分子可能具备红外活性。同核双原子分子例如 O_2、N_2等，分子是恒对称的，所有简正模式下都没有偶极矩，因此是非红外活性的。O═C═O分子是对称分子，但是它的振动模式可以是对称伸缩（此时没有偶极矩），也可以是非对称伸缩（此时偶极矩不为零），因此二氧化碳分子的反对称伸缩模是具有红外活

性的，我们能够在实验室测到它的光谱。

红外光谱目前已广泛用于分子结构和物质化学组成的研究。根据简谐振子模型，谱带频率（通常以波数表示）与力常数和折合质量有关：

$$\nu = \frac{1}{2\pi c}\sqrt{\frac{k}{m}} \tag{4-11}$$

$$m = \frac{m_1 m_2}{m_1 + m_2} \tag{4-12}$$

上式也常用于红外光谱的定性分析。实验测得的谱带波数和数据库对比存在微小位移，这往往是由于相似基团引起的力常数或折合质量的变化。例如，同位素效应引起折合质量变换而引起频移，基团带电导致化学键变强或变弱（k 值变化）引起频移。从式（4－11）可以看到，化学键的振动频率 ν 与化学键力常数 k 的方根成正比，与折合质量 m 的方根成反比。即化学键越强，原子质量越轻，红外吸收峰的波数就越高。我们对比碳碳单键（C—C）、碳碳双键（C═C）、碳碳三键（C≡C），三种碳碳键的折合质量是相同的，显然化学键强度是三键 > 双键 > 单键，因此红外光谱的波数是三键 > 双键 > 单键。－C≡C－ 的吸收峰在 2 222 cm^{-1}，而≡C—C≡则在 1 429 cm^{-1}。我们对比碳碳单键（C—C）、碳氧单键（C—O）、碳氮单键（C—N），这三个化学键的强度接近，但相对折合质量 m 的大小顺序为 C—C < C—N < C—O；由此可判断，这三种键的基频振动波数 C—C > C—N > C—O，事实上，它们分别位于 1 430 cm^{-1}、1 330 cm^{-1}、1 280 cm^{-1}。

上述方法是经典弹簧振子的理论结果。实际上，分子的振动能量是量子化的，形成一系列能级，称为“振动能级”，可由分子的波函数解得。真实的振动受到多种因素影响，包括分子间相互作用，分子内基团相互作用，基团内的化学键相互作用，分子结构中的诱导效应、共轭效应、空间效应、氢键作用等，以及样品所处的物态、溶剂、测试温度等。

（1）诱导效应：当分子中的基团附近有不同电负性的取代基时，分子中的电子云分布会被诱导发生变化。这种变化进一步影响了力常数，从而改变振动频率。一般当分子中基团附近存在吸电子基团时，其吸收峰会移向高波数方向，而给电子基团则会使分子基团的吸收峰往低波数方向移动。吸（给）电子能力越强，移动越明显，比如由于吸电子能力 Cl > $-CH_3$ > H，对于 －C═O 振动频率，CH_3COCl（1 806 cm^{-1}）> CH_3COCH_3（1 715 cm^{-1}）> CH_3CHO（1 713 cm^{-1}）。诱导效应是一种静电诱导作用，其作用随距离增大而迅速减弱。根据实验测定，一些常见基团电子效应的强度与方向大致次序如表 4－3 所示。

表 4－3 常见基团电子效应的强度与方向大致次序

吸电子诱导（$-I$）	N^+R_3 > NO_2 > CN > SO_3H > F > Cl > Br > I > HC═C－ > CH_3O－ > C_6H_5 > CH_2═CH－
给电子诱导（$+I$）	$(CH_3)_3C$－ > $(CH_3)_2CH$－ > CH_3CH_2－ > $-CH_3$ > H

（续上表）

吸电子共轭（$-C$）	NO_2 > CN > $-CHO$ > $-COCH_3$ > $-COOC_2H_5$
给电子共轭（$+C$）	F > Cl > Br > I，$(CH_3)_3C-$ > $(CH_3)_2CH-$ > CH_3CH_2- > $-CH_3$ > H，OR > SR > SeR > TeR，NR_2 > OR > F

（2）共轭效应：在 π－π、p－π 共轭体系中，原子之间会相互影响，从而使 π（p）电子分布发生变化。该电子效应使体系的电子云密度分布更加均匀，使键长趋于平均，即双键的键长略有伸长，单键的键长略有缩短。基团与吸电子基团共轭时，振动频率增加；而基团与给电子基团共轭时，振动频率下降，且共轭效应不受距离影响，可以显著地影响基团的振动频率。比如 C═O 与双键形成 π－π 共轭，双键为给电子基团，C═O 的振动频率下降；而当 C═O 与苯环形成共轭体系时，C═O 振动频率下降得更多，因此 CH_3COCH_3(1 715 cm^{-1}) > CH_3—CH═CH—$COCH_3$(1 677 cm^{-1}) > Ph—CO—Ph(1 665 cm^{-1})。

（3）氢键作用：氢键往往使振动频率向低波数方向移动且吸收强度增加并变宽。

4.2.2 红外光谱仪构造和使用

红外光谱仪与紫外—可见光谱仪结构和原理上基本一致，分为色散型红外光谱仪和干涉型红外光谱仪。色散型红外光谱仪由光源、单色器、样品池、光电探测器构成，其核心是连续光源经过单色器（狭缝加色散器件如光栅或棱镜）得到单一波长的红外光，然后逐个波长进行观测。色散型红外光谱仪由于单色器的扫描速度较慢而较少使用。干涉型红外光谱仪的核心是迈克尔逊干涉仪，将普通红外光源分束后经过干涉仪，再经过样品池得到干涉图样。改变干涉仪的光程差，就得到随时间变化的干涉图样；通过傅里叶变换，就可以得到随频率变化的干涉图样，即红外光谱。傅里叶变换红外光谱仪具有如下优点：

（1）具备高分辨率，这是红外光谱仪的重要性能指标。它直接反映了光谱仪对细微谱线差异的敏锐辨别能力。色散型红外光谱仪展现出了 0.2～3 cm^{-1}的高分辨率范围，而傅里叶变换红外光谱仪更是达到了 0.005～0.1 cm^{-1}的分辨率水平。

（2）光谱波数能够精确到 0.01 cm^{-1}，确保了测量结果的可靠性。

（3）扫描时间短，它利用干涉仪在单次动镜扫描过程中同步获取所有频率信息，仅需 1 s 即可完成全光谱扫描。这种高效性不仅适用于快速过程的测定，还能显著提升谱图的信噪比。因此，傅里叶变换红外光谱仪是研究不稳定物质红外光谱与气相色谱、高效液相色谱联用的理想选择，也可用于研究瞬时反应。

（4）光谱范围广泛，是傅里叶变换红外光谱仪的另一大优势。通过简单地调整光束分裂器和光源，傅里叶变换红外光谱仪即可轻松覆盖 10 000～10 cm^{-1}的宽光谱范围。

（5）在灵敏度方面，傅里叶变换红外光谱仪同样表现出色，其干涉仪设计摒弃了色散型仪器中的狭缝装置，从而实现了更高的输出能量和灵敏度，这使得它能够轻松分析低至 10^{-12} g 数量级的微量样品。

（6）杂散光干扰小。因为具有某些波长的杂散光在到达干涉仪后，会产生独特的干涉图纹，这些图纹在转化为光谱后能够被有效鉴别和剔除，从而确保测量结果的准确性。

4.2.3 一般制样方法

一般来说，样品制备应注意以下三个原则：

（1）光谱不重叠：对于多组分样品，应提前预估样品的光谱范围是否可能重叠。如果发生重叠，应提前分离纯化。

（2）水峰排除：样品必须预先除水干燥，避免腐蚀和水峰干扰。

（3）最优信号强度：低浓度会使某些峰消失，得不到完整谱图；相反，高浓度会出现饱和吸收。

1. 气体样品

气体样品测试通常采用气体吸收池。测试前，首先确保气体吸收池内部处于真空状态，随后借助负压将待测气体样品精确吸入池内。通过灵活调整池内样品气体的压力，可以有效控制吸收峰的强度。由于水蒸气在中红外区存在大量的吸收峰，为避免其对测试结果的干扰，气体进样前必须经过严格的干燥处理，确保测试结果的准确性和可靠性。

2. 液体和溶液样品

对于沸点较低的试样，因其挥发性较大，宜注入封闭液体池中，确保液层厚度维持在 0.01～1 mm 之间，以实现最佳测定效果；对于沸点较高的试样，可将其滴加于两片 KBr 盐片间，形成稳定的液膜后再进行分析。当遇到吸收能力极强的液体，即便通过调整液层厚度仍难以获取理想的谱图时，可考虑使用适量的溶剂对其进行稀释之后再进行测定。此外，一些固体样品也可分散在合适的溶剂中，以溶液形式进行红外光谱测定。在选择溶剂时，应确保所选溶剂在目标光谱区内自身无强烈吸收，不侵蚀样品，且不产生明显的溶剂化效应。常用溶剂有四氯化碳、二硫化碳、二氯甲烷、丙酮等。

3. 固体样品

（1）KBr 压片法。该法是固体样品红外光谱分析最常用的制样方法之一。通常情况下，样品与 KBr 的混合比例建议控制在 0.5～2∶100。在进行压片操作时，需先将固体试样与 KBr 粉末进行细致研磨，确保两者混合均匀。随后，将混合好的粉末置于专用的压片模具中，确保模具内无空气残留，抽真空排除所有气泡。最后，加压将粉末压制成透明薄片。试样和 KBr 应预先进行干燥处理，研磨后的粒度不超过 2 μm，避免产生散射。

（2）薄膜法。该法主要用于高分子化合物的精准测定。这些化合物可直接通过加热熔融的方式涂布或压制成膜，简便高效。此外，亦可将试样溶解于低沸点且易挥发的溶剂中，随后均匀涂覆于 KBr 盐片之上，待溶剂自然挥发后，即可形成薄膜，其厚度控制在 0.001 ~ 0.01 mm 范围内。

（3）石蜡糊法。将试样精细研磨至粉末状，确保颗粒不超过 20 μm，随后将其与分散介质液体石蜡或全氟代烃相混合，搅拌均匀至形成类似牙膏的糊状物质。之后，将此糊状物涂覆于 KBr 盐片上。此法操作简便，但不可避免受到加入的分散介质的影响，特别是当试样颗粒粗细不均或与分散介质的折光系数相差显著时，会显著干扰光谱测量的准确性，不适用于高精度的定量分析。

（4）衰减全反射法（Attenuated Total Reflection，ATR）。该技术工作原理是：当样品薄膜紧密贴合在棱镜底面时，若红外光的入射角大于等于临界角，则入射光会在进入样品一定深度后发生衰减全反射。在样品的透光区域内，反射光的能量几乎等同于入射光；而在吸光区域，部分入射光会被样品吸收，导致"全反射"现象衰减，衰减程度与样品的吸光系数成正比。通过扫描整个红外光区，便可获得类似常规透射光谱的结果。ATR 技术特别适用于黏稠液体、不溶性固体、弹性体以及高聚物薄膜等样品的测量。

4.2.4 光谱解析技巧

红外光谱通常选择以 $T-\lambda$（波数）曲线来表示。曲线纵坐标表示透射比 $T\%$，使得吸收峰以向下的形式展现，直观地反映了光谱的吸收情况。横坐标则标注为波长 λ（nm）或波数 $\bar{\nu}$（cm^{-1}），这样的设置有助于精确定位光谱特征。定性分析中最主要的工作是进行谱图的解析，峰位、强度和形态是红外光谱解析的三要素。

（1）红外光谱可划分成位于 4 000 ~ 1 333 cm^{-1} 的特征官能团区和 1 333 ~ 667 cm^{-1} 范围的指纹区，由高频至低频区依次检查吸收峰的数目和位置，并找出对应化合物的可能类别和主要官能团。

（2）将官能团区划分为 3 个波段：首先是 4 000 ~ 2 500 cm^{-1} 区，该区域的吸收峰表征有氢原子官能团（伸缩振动）的存在，如羟基（3 700 ~ 3 200 cm^{-1}）、羧基（3 600 ~ 2 500 cm^{-1}）、氨基（3 500 ~ 3 300 cm^{-1}）等。为了确证这些基团的存在，还要查证是否存在相应基团的相关吸收峰。其次是 2 500 ~ 2 000 cm^{-1} 区，该区域吸收峰反映了含三键的化合物（如 $-C\equiv C-$、$C\equiv N$）以及 X—H 基团（X 为 S、Si、P、B）等的存在，该区域内的峰一般为中等强度或较弱。最后是 2 000 ~ 1 333 cm^{-1} 区，这一区域主要是含有双键的化合物的吸收，如酯、醛、酮、羧酸、酰胺、醌和羧酸离子，其中的羰基伸缩振动吸收峰主要按照所列的次序，由高频向低频排列，强峰依次出现在 1 870 ~ 1 600 cm^{-1} 区内。反映了含有双键的化合物，如酯、醛、酮、羧酸、酰胺、醌和羧酸离子中的羰基的伸缩振动吸收峰大致按照这里所排的次序，由高到低，依次出现在 1 870 ~ 1 600 cm^{-1} 区内，而且都是强峰。碳碳双键、碳氮双键和氮氧双键也在此区域产生吸收，但频率偏低，一般在 1 650 cm^{-1} 以下。苯环在此区域的两个特征峰在 1 600 cm^{-1} 和 1 500 cm^{-1} 处，可以作为判断苯环存在与否的标志。在 1 650 ~ 1 550 cm^{-1}区还包括氨基的变形振动峰。

（3）将指纹区再分为两个波区。首先在 1 333 ~ 900 cm^{-1}区域内涵盖了多种化学键的伸缩振动吸收特征，包括 C—O、C—N、C—P、C—Si、P—O 等单键的伸缩振动吸收，这些单键在分子结构中起到了连接与稳定的作用。还有 C═S、S═O、P ═O 等双键的伸缩振动吸收，这些双键的振动模式为分析分子结构提供了关键信息。此外，该区域还包含 $-HC(CH_3)_2$、$-CHC{=}CH_2-$和 $-CHR{=}CHX$（反式）等基团的骨架或变形振动吸收，这些基团的振动特征有助于识别和分析化合物的结构细节。其次在 900 ~ 667 cm^{-1}区，这一区域的吸收可以指示 $(CH_2)_n$的存在，反映了双键的取代程度、构型（顺式或反式）、苯环上取代基的位置以及是否含氯或溴等。

4.2.5 常见分子结构的红外光谱

1. 烷烃

烷烃化合物含有 $-CH_3$、$-CH_2$和 $-CH$ 等基团，其红外吸收主要是由 C—H 键和C—C 键振动引起的，如图 4 – 20 所示。

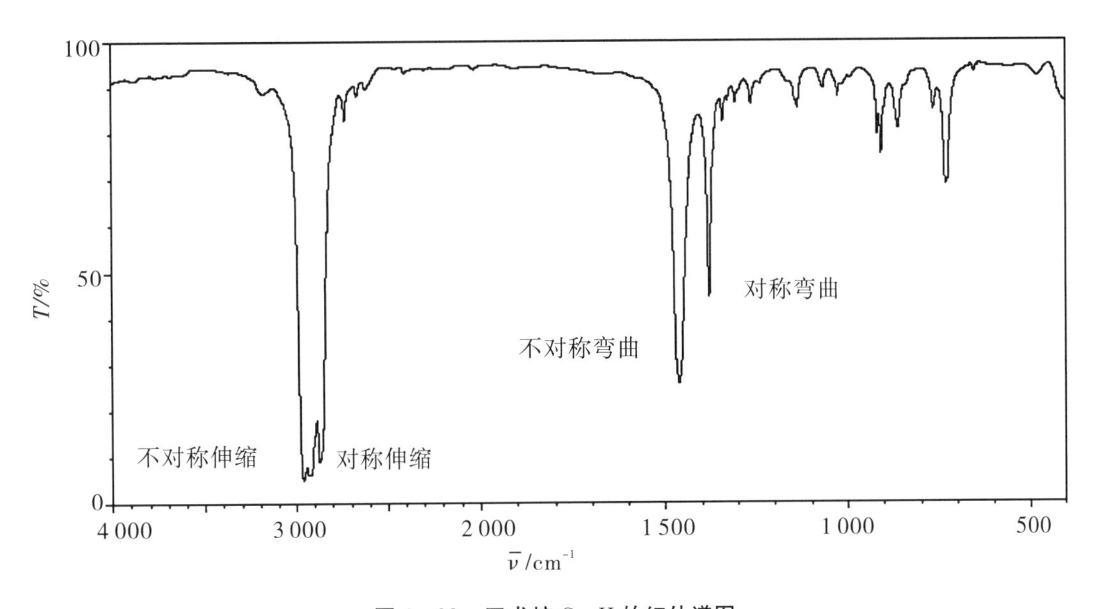

图 4 – 20 正戊烷 C—H 的红外谱图

（1）C—H 键的不对称、对称伸缩振动频率分别在 2 960 cm^{-1}和 2 870 cm^{-1}附近，不对称、对称弯曲振动频率在 1 470 cm^{-1}和 1 380 cm^{-1}附近。

（2）一般不对称伸缩振动吸收带的强度要大于对称伸缩振动。

（3）5 个碳以上的环烷烃和开链烃的吸收频率相同。

2. 烯烃

烯烃的红外光谱如图 4－21、图 4－22 所示。

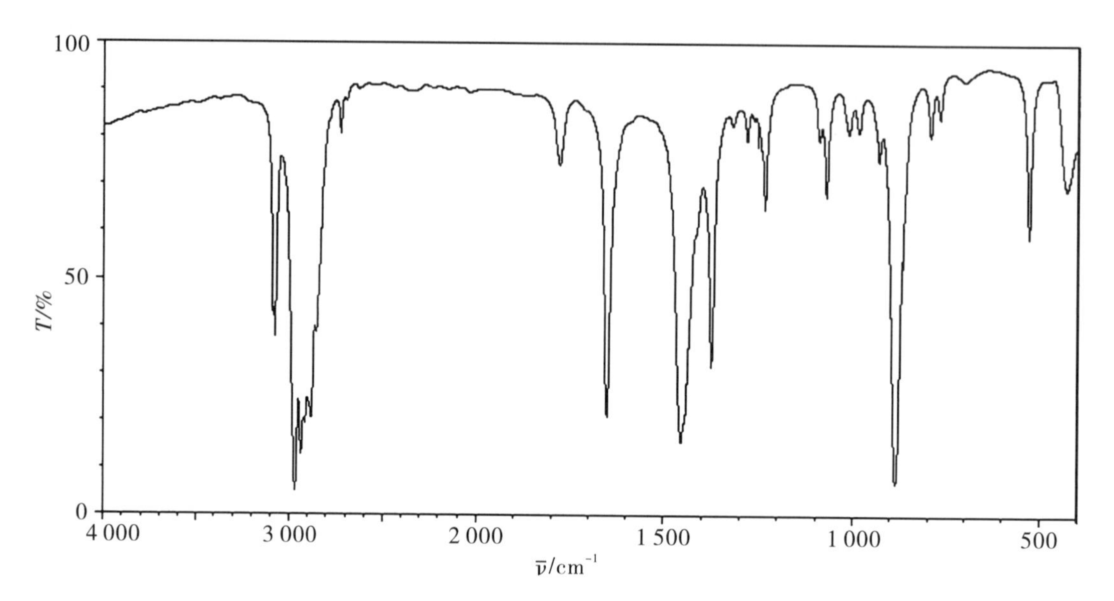

图 4－21 2－甲基－1－丁烯的红外光谱

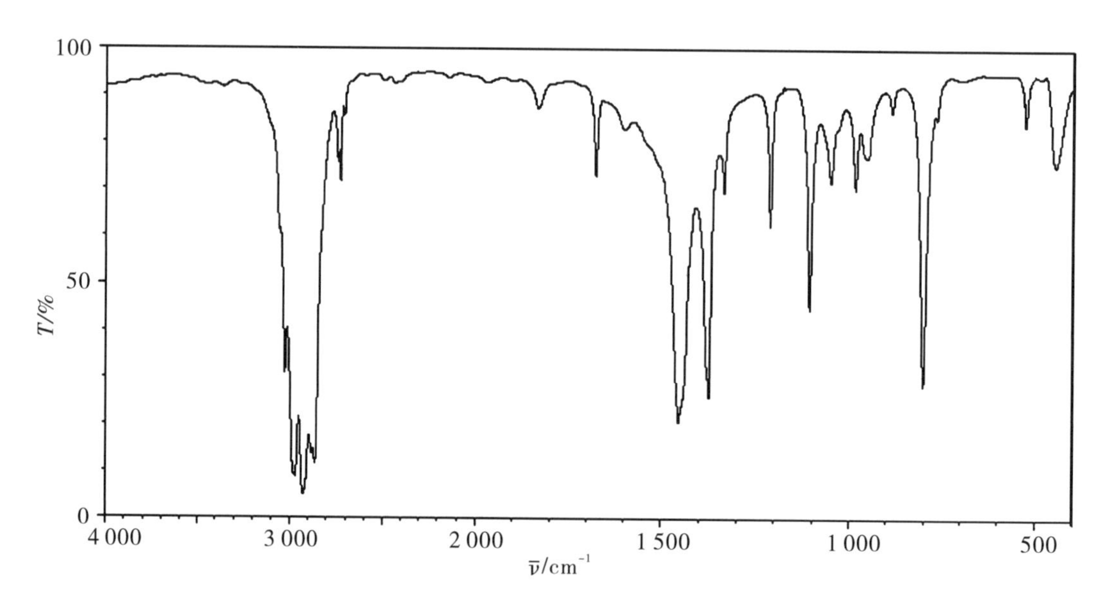

图 4－22 2－甲基－2－丁烯的红外光谱

（1）烯烃不饱和碳原子上的 C—H 伸缩振动在 3 100 ~ 3 000 cm^{-1}，其吸收峰强度中等，峰形较尖锐。

（2）烯键 C═C 伸缩振动在 1 680 ~ 1 620 cm^{-1}，此吸收峰对结构较为敏感。

（3）烯烃不饱和碳原子 C—H 的面外弯曲振动在 1 000 ~ 650 cm^{-1}，对结构敏感，可用于判断双键取代类型。

3. **芳烃**

芳烃的红外光谱如图 4－23、图 4－24 所示。

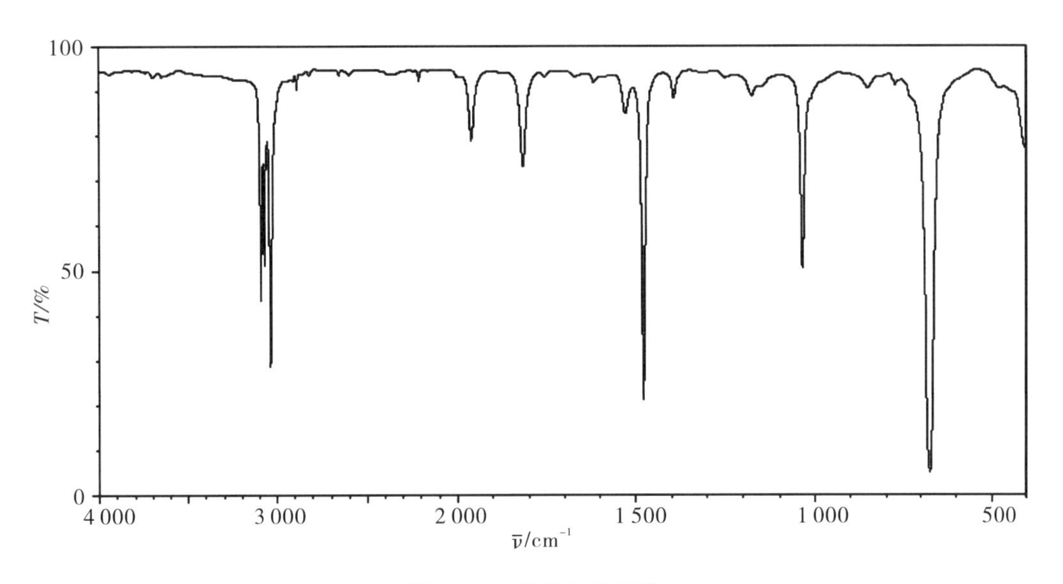

图 4－23 苯的红外光谱

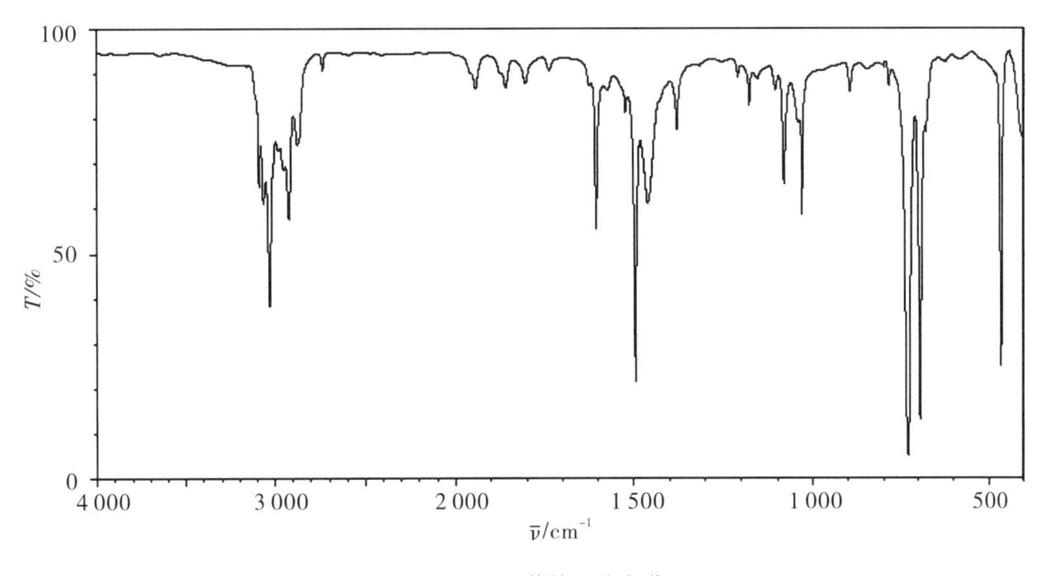

图 4－24 甲苯的红外光谱

（1）芳环上 C—H 键的伸缩振动频率在 3 100 ~ 3 000 cm^{-1}，该振动吸收在光栅光谱中出现三个吸收带，而在棱镜光谱中往往观察到一个吸收带。此吸收带强度有时较弱。

（2）芳环的骨架振动频率一般情况下有四条谱带，分别在 1 600、1 585、1 500、1 450 cm^{-1}附近。其中 1 600 cm^{-1}及 1 500 cm^{-1}两个谱带是芳环的特征吸收带，后者强度较前者强。

（3）芳环上的 C—H 键的面外弯曲振动频率在 900 ~ 650 cm^{-1}，该吸收带的位置、数目及强度取决于芳环上相邻氢原子的数目。芳环上的取代基越多，其频率越高。

4.2.6　科研实例分析

红外光谱可用于有机化合物、官能团的结果鉴定，是结果分析的一种重要手段，因此也用于对化学反应过程的中间产物的分析以及表面修饰基团的判定。

1. 乙醇脱水脱氢中间产物分析

Lu 等人利用溶剂热法合成出表面等离子体材料 WO_{3-x}纳米线，探索了其在光催化乙醇脱氢反应中的应用，并利用红外光谱对乙醇脱氢反应的中间产物进行了研究分析。[8] 图 4 - 25 为 WO_{3-x}光催化乙醇脱氢反应过程的红外光谱。由此图可以看出，相比于反应前，反应后样品的红外谱图在 1 258 cm^{-1}和 1 628 cm^{-1}出现了新的透射峰，对应着烷烃的 C—C 键的伸缩振动峰和烯烃的C═C键的伸缩振动峰，证明其表面发生了乙醇的脱氢和脱水反应，生成了乙烷和乙烯。

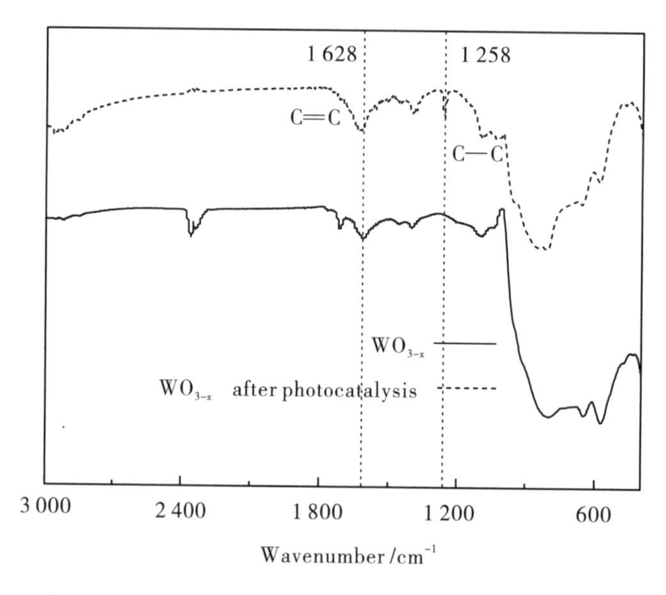

图 4 - 25　WO_{3-x}光催化乙醇脱氢反应前后的红外光谱图

2. 表面修饰基团判定

Demiral 等人通过 HNO_3 氧化富集了活性炭（AC）的表面官能团。利用不同浓度的 HNO_3［15%、30%、45%和69%（v/v）的 HNO_3］探究酸改性对已完成表面表征的纯活性炭（3AC400）表面的影响，证明了硝酸改性可以影响表面官能团的多样性，如内酯、苯酚、羧基。[9] 根据图 4－26，使用 HNO_3 改性后，代表含氧官能团的峰有所增加，在 2 000～800 cm^{-1} 处形成了新的峰值。氧化会影响活性炭的表面官能团结构，在 1 700 cm^{-1} 附近出现内酯基团中的羧酸（COO－）峰。此外，在 1 620～1 600 cm^{-1} 处出现的峰值是由 υ(C=O)和 υ(C=C) 酚类结构中的键振动引起的。并且，随着硝酸浓度的增加，其表面富含羧酸和乳酸物质增加，峰值强度也会增加。该傅里叶变换红外光谱图像支持 Boehm 滴定法的结果，即随着硝酸浓度的增加，羧酸、乳酸和酚类物质增加。

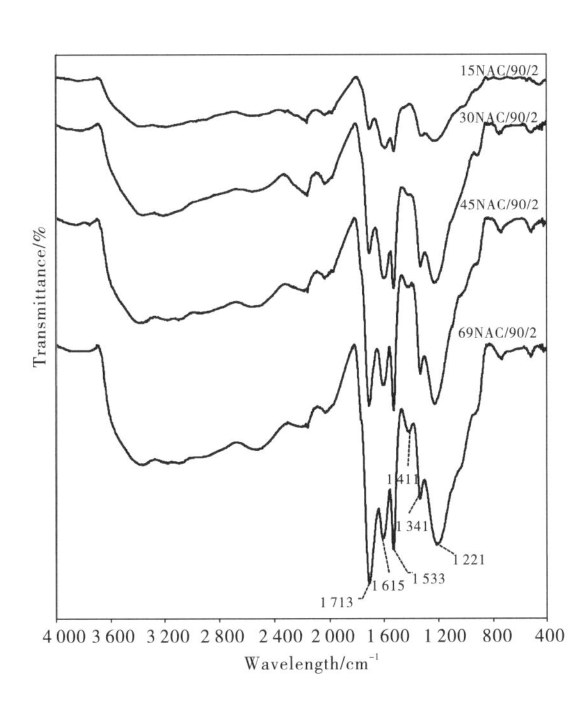

图 4－26 不同浓度的 HNO_3 对纯活性炭（3AC400）表面修饰后的红外谱图

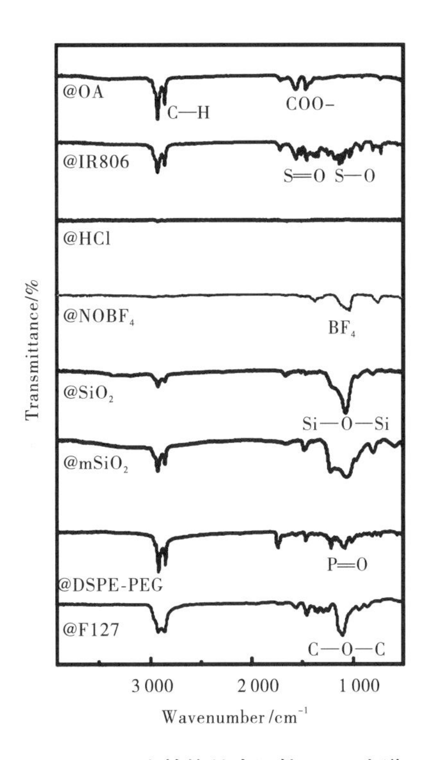

图 4－27 上转换纳米颗粒 FTIR 光谱

镧系元素掺杂的上转换纳米颗粒（UCNPs）由于其优异的光稳定性在生物成像中具有广阔的应用前景。然而，合成过程中加入的疏水性油酸（OA）配体导致它们的水分散性普遍很差。为了解决这个问题，Ling 等人对其提出多种表面修饰策略，例如通过与染料 IR806 交换配体、HCl 或 $NOBF_4$ 处理、包覆二氧化硅（SiO_2 或介孔 $mSiO_2$）壳层以及与 DSPE-PEG 或 F127 聚合物自组装等方法制备出亲水性 UCNPs，并利用傅里叶变换红外光谱对修饰后的 UCNPs 表面的分子基团特征进行鉴定（见图 4－27）。[10] FTIR 分析显示，HCl 或 $NOBF_4$处理后，与 OA 配体相关的特征峰，包括在1 453 cm^{-1}和 1 554 cm^{-1}处的 COO－对称和不对称伸缩振动，以及在2 921 cm^{-1}和 2 851 cm^{-1}处的－CH_3和－CH_2－的 C—H 拉伸振动显著降低，表明 OA 配体从 UCNPs 中去除。在 SiO_2 和 $mSiO_2$ 修饰的 UCNPs 中，在 1 068 cm^{-1}处观察到典型的 Si—O—Si 拉伸振动。总的来说，这些数据提供了 UCNPs 表面改性成功的证据。

4.2.7 常见问题解答

1. 注意事项

在进行解析红外谱图时，应注意下列几点：

（1）若谱图上某一特定的吸收峰未显现，那么可以初步断定对应的官能团不存在。但务必注意那些处于对称位置的双键或三键的伸缩振动情况，因为这些振动偶极矩并无显著变化，可能不会显现出吸收峰。相反地，即使观察到吸收带的存在，也不能绝对确认是某特定官能团，我们应当审慎地考虑可能的杂质干扰因素。

（2）如果在 4 000～400 cm^{-1}间只显示少数几个宽吸收峰的谱图，这很可能是无机化合物的谱图。

（3）在解析谱图时，首要关注的是强吸收峰，然而，弱峰和肩峰同样不容忽视，它们往往能为我们提供关于物质结构的关键线索。

（4）红外吸收谱图的峰位、峰强以及峰形是三大关键点，对于确定物质结构至关重要。例如，缔合羟基、缔合伯胺基以及炔基在 3 000 cm^{-1}附近虽然峰位相近，但峰形差异显著。缔合羟基的吸收峰显得圆润而平缓，缔合伯胺基的吸收峰则带有微小分岔，而炔基的峰形则显得尖锐而突出。

（5）需要明确的是，在红外谱图中，并非所有吸收带都能明确归属到某一特定基团或振动模式。有些谱带可能是由组合频、耦合共振等因素引起的，而另一些则可能是多个基团振动吸收的叠加效应，因此在解析时需仔细判断。

2. 仪器故障排除

红外光谱仪无法正常工作时，可先启动仪器自诊断功能，检查仪器某些器件的工作状况，或是根据仪器的异常现象，参照仪器使用说明书进行排查。

（1）干涉图能量低，导致信噪比不理想。可能原因：

①光路准直未调节好或非智能红外附件位置未调整到正确位置，可以启动光路自动准直程序，或人工准直；

②光阑孔径太小或信号增益倍数太小，需重新设置参数。

（2）干涉图不稳定。可能原因：

①所使用的 MCT 检测器真空度降低或窗口有冷凝水，需对 MCT 检测器重新抽真空；

②测量远红外光区时样品室气流不稳定，需待气流稳定后再测试。

3. 常见问题解答

在固体压片制样时，有时会出现一些不正常现象，以下是常见问题的原因及相应的解决办法：

（1）若压片整体显得不透明，这往往是因为物质分散不均匀或施加的压力不足。为改善这一状况，应重新对样品进行精细研磨，确保其充分分散，同时，适当加压以提升压片的密实度和透明度。

（2）若压片表面出现众多白色斑点，而其余部分保持透明，这通常是因为研磨不充分，使得压片中仍含有少量粗粒。针对这一问题，需对样品进行再次研磨，确保粒度均匀细小，从而避免压片表面出现白色斑点，提高压片质量。

（3）压片刚压好时很透明，但几分钟后出现不规则云雾状浑浊，这可能是抽真空不够所致的。针对这一问题，应检查真空度，适当延长抽真空时间。

（4）压片中有不规则块状物或全部呈云雾状浑浊，这可能是样品或 KBr 受潮所致的，可干燥或延长抽真空时间。

在具体光谱测试中可能会出现以下问题：

（1）红外测试结果的透过率、反射率大于100%（吸收小于0），这说明样品某些波数区域的透过率、反射率要好于背景（吸收比背景弱）。造成这种现象的原因可能是：KBr片表面杂散光较多，所以背景透过率较小（吸收较大）；没有扣除背底进行校正，这种情况不影响定性结果。

（2）测试曲线出现部分位置透过率为0，无法看出峰位。这种数据无法看出真实峰位，不能用来进行分析。造成这种曲线的原因可能是：对于粉末样品，一般是样品量太多，需要重新测试；对于块体样品，可能是样品吸收能力较强，需要用全反射模式进行测试。

4.3 荧光光谱

我们知道，许多物质都会发光，通过区分发光的性质能够区分物质。通过激发样品获得的发光信息称为发光光谱。发光的本质就是物质从激发态跃迁到基态，并放射出一个光子的过程。发光的类型通常可以按照激发的方式来划分，例如热致发光、光致发光（Photoluminescence，PL）、声致发光等；或者根据是否需要高温条件，划分成热发光、冷发光；也可以根据发光的方式来划分，例如受激辐射、自发辐射；还可以根据发光的性质来划分，例如荧光和磷光。其中，光致发光是最常见的发光方式。荧光是光致发光、冷发光、自发辐射的一种。

荧光光谱是一种常见的材料分析方法，它可以获得物质的激发光谱、发射光谱、量子产率、荧光强度和寿命等物理参数，帮助我们了解材料的光学特性。荧光光谱可以用于定性定量分析，具有灵敏度高、易实现、非破坏性等优势。发展至今，荧光光谱已被广泛应用于生物医学、光电显示、环境监测等多个领域。本节介绍了荧光的基本原理和概念，荧光的产生过程和影响因素，着重围绕激发光谱和发射光谱、荧光寿命测试分析等进行详细阐述。

4.3.1 分子荧光

荧光是一种光致发光现象，指物质吸收光子获得能量后重新辐射出光子的过程，大致经过吸收、能量传递及光发射三个主要阶段，光子的吸收及发射都发生于能级之间的跃迁，都经过激发态。

1. 态的多重度

电子的自旋是正、负二分之一，正、负号用于区别自旋的方向。电子的激发态多重性由 $M = 2s + 1$ 来描述，其中 s 代表电子自旋角动量的量子数总和。一般而言，游离的原子或者离子可能有奇数电子，而稳态的分子里电子的数目是偶数的，因此 s 的数值总是为 0 或 1，对应单重态（$s = 0$，$M = 1$）和三重态（$s = 1$，$M = 3$）。依据 Pauli 不相容定律，分子内相同轨道上的两个电子需拥有反向的自旋状态（即自旋相反），这种现象称为自旋配对。当分子内所有电子均处于自旋配对状态，即 $s = 0$ 时，该分子呈现单重态，以符号 S 表示。而当分子里有一对电子自旋方向一致，即 $s = 1$ 时，分子表现为三重态，用符号 T 表示。

激发单重态 S：电子自旋和处于基态轨道的电子配对。

激发三重态 T：电子自旋和处于基态轨道的电子平行。

当分子吸收能量使电子发生跃迁而不改变自旋方向时，分子会呈现为激发单重态；反之，如果跃迁导致自旋方向发生变化，导致两个电子自旋不匹配，此时的分子则进入激发三重态。基态及电子的第一次和第二次激发单重态分别用 S_0、S_1、S_2 等符号表示，而 T_1、T_2 等则用来标注电子的第一次、第二次激发三重态。相较之下，激发三重态的能量水平通常低于激发单重态（见图 4-28）。

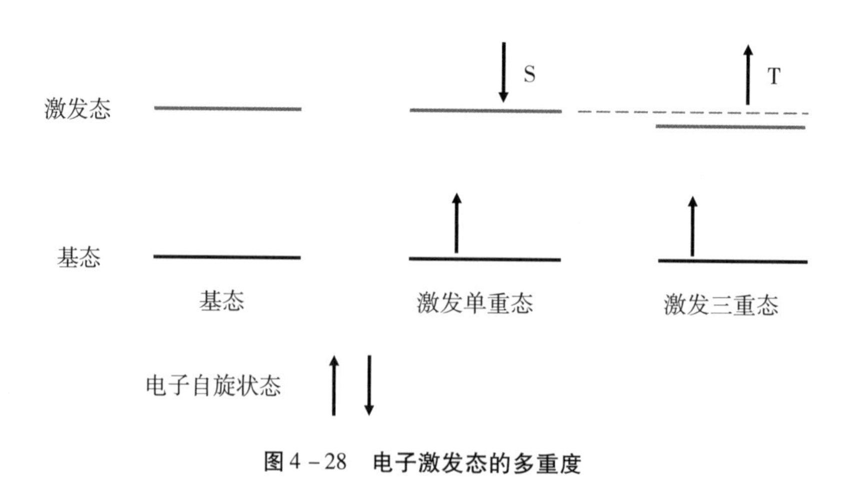

图 4-28 电子激发态的多重度

2. 荧光的产生过程

荧光的产生涉及激发及失活两个过程，如图 4－29 所示。[11] 物体在吸收特定频率的辐射能量后，其分子内电子从基态（S_0）跃迁至激发态 S_1、S_2的各种振动能级，此环节被称作激发。分子在激发态是不稳定的，它将通过辐射跃迁（发射光子）和非辐射跃迁等方式释放能量回到基态，即为失活过程。

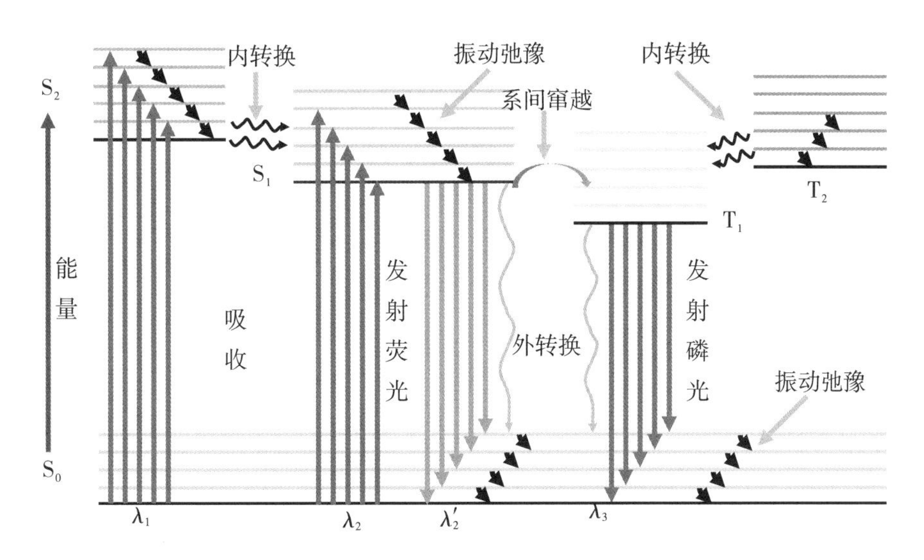

图 4－29 雅布隆斯基能级图

（1）辐射跃迁。量子系统的能量守恒要求电子从高能级到低能级跃迁时，必然伴随着能量的释放或转移，其能量释放或转移等于能级差。如果这部分能量以光子的形式释放，就叫作辐射跃迁（这里的“辐射”是沿用电磁学和热力学的概念，本书中辐射、电磁辐射、热辐射、光子等概念是等同的）。实验发现，荧光现象都是激发单重态辐射跃迁到基态并发射光子，发射波长对应图 4－29 中的 λ_2'；磷光现象都是激发三重态辐射跃迁到基态并发射光子，发射波长对应图 4－29 中的 λ_3。

（2）非辐射跃迁。电子从高能级到低能级跃迁时，如果这部分能量不以光子的形式释放，而以声子或热运动的方式转移，就叫作非辐射跃迁（部分教科书称为非辐射衰变），主要包括以下几种：

①振动弛豫（Vibrational relaxation）：分子或原子之间通过热碰撞发生能量转移，一方会损失或者得到能量。因为振动能级差较小，激发态的分子或原子的碰撞首先损失的就是振动能量。从能级角度看，损失能量的一方就首先表现为振动能级的弛豫，由高振动能级衰变到低振动能级，在 S_2、S_1、T_2、T_1 内均可发生。

②内转换（Internal conversion）：如果振动能级跃迁发生在一个电子能级内，就是上述振动弛豫；如果振动能级跃迁发生在不同电子能级的振动能级之间，就叫作内转换。因为振动能级往往具备一定的能量范围，低电子能级的振动能级的能量范围很有可能重叠了较

高电子能级的振动能级，例如图4－29的S_2和S_1，T_2和T_1。这时候，相邻电子能级的振动能级是重叠的，能量非常接近，电子非常容易从$S_2 \to S_1$、$T_2 \to T_1$，这就是内转换发生的本质原因。真实场景中，内转换和振动弛豫一直在发生，直到处于激发态的最低振动能级。

③系间窜越：如果单重态的振动能级和多重态的振动能级的能量范围发生重叠，类似内转换的跃迁同样会发生，例如图4－29中的$S_1 \to T_1$。含有重原子的分子中（如I、Br等），系间窜跃最常见。

④外转换：当激发态分子与其他分子发生碰撞或者其他电磁作用，同样会发生能量转移，一方会损失或得到能量，表现为能级的跃迁。实验中荧光或磷光的猝灭现象往往是外转换导致的。

我们做一个简单总结：一个处于S_2的激发单重态的分子，首先会发生振动弛豫，使分子能量下降到S_2最低的振动能级。这个过程非常快速，通常在$10^{-12} \sim 10^{-14}$ s。然后发生内转换，跃迁到S_1的最低振动能级。接下来，则有可能：①发生辐射跃迁$S_1 \to S_0$发射荧光；②发生外转换$S_1 \to S_0$；③发生系间窜越$S_1 \to T_1$，然后重复上述过程。

（3）Kasha规则。对于分子发光，发射光谱与激发波长无关，这就是Kasha规则。Kasha在1950年指出，荧光和磷光一般只从最低电子激发态发生跃迁，较高激发态的电子都会通过非辐射跃迁（内转换或振动弛豫）到最低的电子激发态，时间为$10^{-12} \sim 10^{-8}$ s；再从最低激发态到基态发生辐射跃迁，即荧光过程。这个荧光过程所需时间为$10^{-9} \sim 10^{-7}$ s，比非辐射跃迁慢很多。一般情况下，荧光源于第一电子激发单重态S_1的最低振动能级，而与原来电子被激发到哪个能级无关。

对于半导体激子复合发光，发射光谱与激发波长无关，这里涉及导带、价带及带隙的半导体知识。

3. **荧光光谱分析**

（1）荧光激发光谱。物质对不同激发光的吸收系数是不一样的。因此，不同激发光的荧光效率也有所差别。表示这种激发效率的光谱就是激发光谱。具体实验操作如下：选定某个荧光波长作为研究对象，从长波到短波逐渐改变激发波长，测量得到荧光强度，并形成荧光强度与激发波长的关系曲线，这个曲线就是激发光谱。一般情况下，激发光谱的峰值和吸收光谱的峰值是一致的。

（2）荧光发射光谱。物质往往具备多个能级，受激发后会发生多个跃迁，也就会导致荧光的波长不止一个。对于只具备简单能级的物质，也往往由于热运动而导致能级展宽，从而使得荧光也存在一定展宽。按照控制变量法的思想，如果我们要研究物质的荧光特性，就需要固定激发波长，观测各个波长下的荧光强度，并形成关系曲线，就得到荧光发射光谱（又称荧光光谱）。

（3）荧光光谱的几个特征：

①荧光发射的波长往往大于激发光的波长，这是因为激发态存在振动弛豫等非辐射跃迁过程，这种差别叫作斯托克斯（Stokes）位移（见图4－30）。

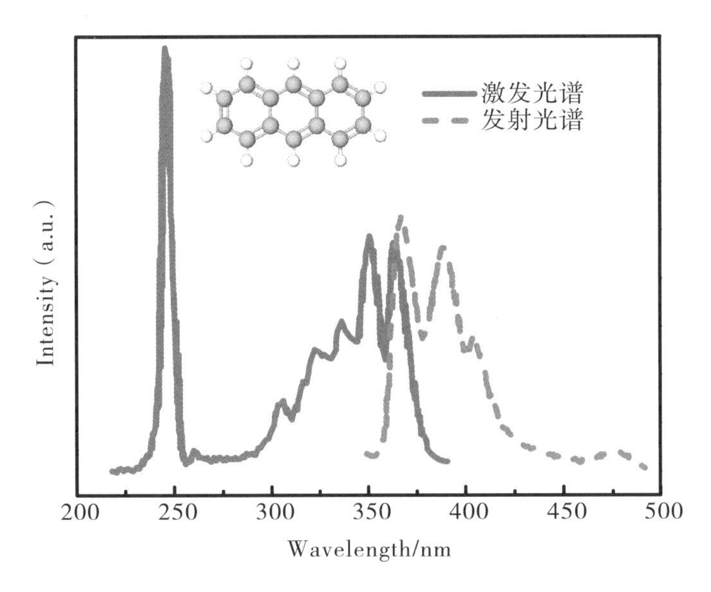

图 4-30 蒽的荧光激发光谱和发射光谱

②荧光发射光谱反映物质的能级结构，与激发波长无关（见 Kasha 规则）。

③在结构上，荧光发射光谱往往与激发光谱成大致的镜像对称关系。但当激发态的构型与基态的构型相差很大时，两者可能发生明显不同。这种镜像原理可以用 Franck - Condon原理来解释。

Franck - Condon 原理可以简洁地概括为当波函数的有效重叠程度最大时，跃迁概率也最大。由于电子和原子核质量有显著差别，电子的运动速度比原子核快得多，以至电子在跃迁过程中原子核间距离基本保持不变。相对于双原子分子的振动周期（约 10^{-13} s）而言，电子跃迁所需时间是极短的（约 10^{-15} s）。因此，在电子跃迁前后，分子中所有原子核几乎仍然保持着电子跃迁前的相对位置和动量。这说明不同电子态能级和振动能级间最可能发生的跃迁，即最可几跃迁（The most probable transition），是那些核位置和核动量没有太大改变的跃迁。即从基态 S 的振动能级 $v=0$ 到激发态 S 的振动能级 $v=0$ 的跃迁（即 $0\to0$）的概率最大，振动谱线强度最大，其余跃迁如 $0\to1$、$0\to2$ 等则较弱。同理，最可几吸收跃迁也应该是最可几发射跃迁。并且基态和第一激发态振动能级间的能量间隔情况相似，因此发射光谱与吸收光谱往往呈现一种镜像关系，这种镜像关系称为 Mirror Effect。

不同的化学物质通常具有不同的荧光峰值和光谱特征，根据荧光光谱的特征和形状，这些荧光峰值和光谱特征可用于定性和定量分析样品中的目标分子或化学成分。

4.3.2 荧光强度的影响因素

1. 分子结构与荧光

（1）共轭 π 键体系：实验发现，共轭 $\pi^* \to \pi$ 的跃迁通常会发射强荧光。因此芳香族化合物往往是良好的荧光指示，这也提示我们，提高分子的共轭度有利于增加荧光效率。

（2）刚性平面结构：刚性的结构不容易发生热损失，与溶剂分子的相互作用也比较弱，往往具备较强的荧光。

（3）取代基效应：芳环上的取代基会引起最大吸收波长和相应荧光峰的改变。吸电子取代基（$-NO_2$、$-COOH$）会使荧光减弱，而给电子取代基（$-NH_2$、$-OH$、$-OCH_3$）会使荧光增强。

2. 荧光量子效率

为了衡量物质发射荧光的效率，我们定义了荧光量子效率 Φ，表示物质吸收单位光子后发射光子的数量。荧光量子效率可以分为内量子效率和外量子效率。内量子效率是指吸收单位光子后发射的光子数，外量子效率是入射单位光子后发射的光子数。这两者的区别在于，入射的光子不一定被吸收。不加说明，Φ 通常指内量子效率。与失活过程的荧光发射速率和无辐射过程速率有关：

$$\Phi = \frac{K_f}{K_f + \sum K_i} \tag{4-13}$$

式中，K_f是荧光发射过程的速率常数；$\sum K_i$是系间窜越、外转换等非辐射跃迁过程的速率常数的总和。一般而言，K_f主要取决于分子化学结构，$\sum K_i$主要受化学环境影响。凡是使 K_f增大而使$\sum K_i$减小的因素（环境因素和结构因素）都可使荧光增强。

3. 环境因素

（1）溶剂效应：溶剂的极性、折射率和介电常数会对荧光光谱强度和峰位产生影响。溶剂极性增加，周围溶剂分子形成的介电场与荧光偶极子相互作用，引起发光分子的吸收光谱和荧光光谱发生微弱红移。效应引起的位移可用 Lippert - Mataga 方程来描述：

$$\Delta\nu = -\frac{2}{hc}(\mu_1 - \mu_0)^2 a^{-3} \Delta f + const \tag{4-14}$$

$$\Delta f = \frac{\varepsilon - 1}{2\varepsilon + 1} - \frac{n^2 - 1}{2n^2 + 1} \tag{4-15}$$

其中，μ_1和μ_0分别是激发态和基态的偶极矩，Δf 为取向极化度，ε 为介电常数，n 为折射率。有些分子一端为给电子基团，另一端为吸电子基团，分子偶极矩变化巨大，溶剂效应更加明显，斯托克斯位移也更大。第一项说明光谱位移的产生源于溶剂分子偶极子的重定向以及溶剂内部电子的再分布作用。ε 对发射光谱变化起主导作用。第二项代表着电子重新取向的影响。n 取决于溶剂分子内电子的运动，这基本上是瞬时的，可以在光吸收过程中发生，因而通常 n 对吸收光谱变化起主导作用。

（2）温度效应：温度升高导致荧光量子产率和荧光发射强度的降低。温度升高，分子热运动加剧，大量激发态荧光分子通过碰撞损失能量，导致辐射跃迁概率降低和荧光发射减弱。

（3）pH 值的影响：芳香族化合物中酸性或碱性取代基的存在使得其荧光特性与 pH 值密切相关。pH 会改变荧光团的电荷状态，进一步导致荧光性能的变化。

（4）内滤效应：溶液中含有能够吸收激发光或者发射荧光的物质，当溶液浓度过高时，吸收作用增大，荧光强度降低。

（5）自吸收效应：荧光分子的发射光谱与其吸收光谱出现重叠，便可能出现发射荧光被部分再吸收的现象，导致荧光强度下降。溶液浓度增大会加剧再吸收现象。

（6）荧光猝灭：荧光分子与溶液中其他物质相互作用，使荧光强度减弱或消失，该物质称为猝灭剂，据此可以检测猝灭剂的浓度。溶解氧气、光氧化等因素往往使荧光强度降低。

4.3.3　仪器构造和使用

1. 仪器基本结构

荧光光谱仪通常包括光源、单色器、样品池或载物台及检测器等部件。

（1）光源。理想情况下，激发光源应满足几个要求：光强足够大且保持稳定、在所需的光谱区域提供连续的光谱输出、光强不随波长改变而改变（即发出连续且均一强度的辐射）。氙灯和激光器是最常见的光源类型。

（2）单色器。荧光光谱仪中的单色器一般为光栅或滤光片，通常需要两个，一个用于形成单色激发波长（即激发单色器），另一个用于筛选特定荧光发射波长（即发射单色器）。

（3）样品池或载物台。荧光光谱仪样品池材料要求无荧光发射，通常为熔融石英。对于固体样品，通常使用固体样品座或载物台。

（4）检测器。荧光的强度通常比较弱，因此要求检测器有较高的灵敏度，一般采用光电倍增管（Photomultiplier Tube，PMT）、二极管阵列检测器、电荷耦合装置或光子计数器等高功能检测器。光电倍增管是基于外光电效应和二次电子发射效应，将微弱光信号转换成电信号的真空电子器件。它能够利用二次电子发射使逸出的光电子倍增，提高检测灵敏度，从而测量微弱光信号。

2. 仪器组件选用

对于模块化搭建的爱丁堡 FLS 系列稳态瞬态荧光光谱仪，在使用过程中，通过选配恰当的组件，能够实现一系列测试需求，包括荧光激发、量子效率和荧光寿命的测量。根据测试需要，可设置不同的光源和测试模式（见表 4－4）。

表 4－4　不同测试模式对应的光源和数据采集技术

测试模式	标准光源	数据采集技术
光谱测试	连续氙灯	单光子技术
时间分辨/ms ~ s	微秒灯	多通道扫描（Multi-channel Scanning，MCS）技术、时间相关单光子计数（Time-correlated Single Photon Counting，TCSPC）
时间分辨/ps ~ ns	纳秒灯、皮秒脉冲激光器（EPLs）、皮秒脉冲 LED（EPLEDs）	时间相关单光子计数

（1）光源选用：根据测试模式，光源可分为稳态光源和瞬态光源。稳态光源一般是光谱及能量连续输出的氙灯或发射亮度连续可调的小型半导体激光器（光纤光谱仪），主要用于稳态谱、量子产率的测试。瞬态光源为频率可调、具有特定脉宽的脉冲输出光源，主要有微秒灯、纳秒灯和皮秒脉冲激光器等，可用于荧光寿命的测试。FLS980 光谱仪通常配备三种标准光源：连续氙灯（稳态光源）、μF2 微秒脉冲氙灯、nF920 纳秒灯。另外，皮秒脉冲激光器和皮秒脉冲 LED，是纳秒级荧光寿命测试中常用的高性能光源。

（2）检测器选用：高增益光电倍增管检测器，适用于稳态谱和时间分辨过程中的光子计数采集。检测器通常需要相应的制冷装置，以降低暗计数率，提升信噪比。近红外光谱测试要用近红外光电倍增管检测器，需要外加液氮制冷到 77 K，光谱探测范围建议在 800 ~ 1 600 nm。对于其他如微通道板光电倍增管（MCP-PMTs）、热电冷却的 InGaAs 探测器等，会根据实际应用需要配置。

（3）滤光片选用：选择滤光片时应首先确保在成像探测端，使荧光或发射光能尽量透过，且能彻底拦截激发光，以此实现最优的信噪比。

4.3.4　荧光寿命测量和分析

1. 荧光寿命

从上文内容，我们可以总结出分子跃迁的一般情况：分子或原子吸收一个光子，从基态跃迁到激发态，再以振动弛豫或内转换的方式衰变到激发态的最低振动能级，然后跃迁回到基态，并释放一个荧光光子（或热弛豫）。显然，一旦激发光停止照射物质，激发态的分子（或原子）会越来越少，荧光会迅速衰减。

我们假设物质吸收某个激发光脉冲，并有 n_0 个分子跃迁到激发态。随着时间推移，t 时刻激发态分子的数目下降为 $n(t)$，则荧光强度正比于 $n(t)$。实验结果表明，荧光强度随着时间变化呈单指数衰减，因此可以推知激发态分子数 $n(t)$ 也随着时间变化呈单指数衰减。

$$n(t) \propto n_0 \exp(-kt) \tag{4-16}$$

其中，k 是待定的系数。实际上，为了确保指数部分无量纲，k 必须是时间 t 的倒数的量纲，我们不习惯理解时间的倒数，取 $\tau_0 = k^{-1}$，式（4－16）即改写成：

$$n(t) = n_0 \exp\left(-\frac{t}{\tau_0}\right) \tag{4-17}$$

当 $t = \tau_0$时，荧光强度或者说激发态粒子数恰好衰减为初始值的 e^{-1}。我们规定，用 $t = \tau_0$时刻表示荧光的寿命（即激发态的寿命）。实际上，式（4－17）是典型的如下一阶常微分方程的解：

$$\frac{\mathrm{d}n(t)}{\mathrm{d}t} = -kn(t) = -\frac{n(t)}{\tau_0} \tag{4-18}$$

荧光强度正比于衰减的激发态分子数，因此荧光强度也能够表示为：

$$I(t) = I_0 \exp\left(-\frac{t}{\tau_0}\right) \tag{4-19}$$

也就是说，该荧光物质在测定条件下的荧光寿命实际上就是荧光强度衰减到初始强度的$\frac{1}{e}$时所需要的时间，如图 4－31 所示，荧光寿命也可以理解为荧光物质在激发态的统计平均停留时间。

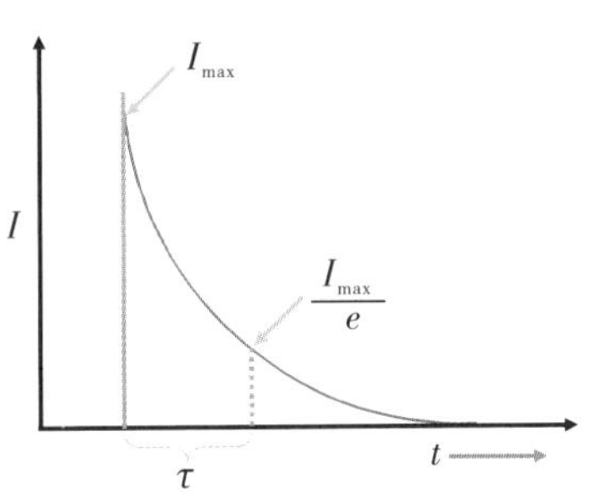

图 4－31　荧光强度衰减曲线

2. 时间相关单光子计数

荧光物质的寿命受到其结构以及周围微环境的温度和极性等因素的影响，荧光寿命的测量使我们能够直接掌握和分析研究对象所发生的变化。荧光寿命本质上测试的是样品的某波长发射的时间衰减曲线。与稳态发射光谱的主要区别是，荧光寿命测试要选择合适的脉冲光源和脉冲频率。利用脉冲光激发样品，然后监测某个波长的发射强度在不同时间通道累积下来的光子数，纵坐标为荧光强度（光子计数），横坐标为时间，记录的是具体某一波长的荧光强度随时间变化的变化。

时间相关单光子计数是以统计学为基础的，目前最成熟、准确的荧光寿命测定方法之一。该方法基于探测到荧光光子的概率正比于某时刻的荧光强度，利用脉冲激光激发样品，这样荧光光子就呈现出与激发光源同步的周期性。荧光光子从样品到探测器的光程是恒定的，因此探测器记录的光子信号的“时间—光子密度”的差别只可能源于荧光本身的衰减。累计多次荧光光子到达探测器的时间，形成“时间—光子密度”的统计，就能够反推“时间—荧光强度”的关系曲线，即推算出荧光衰减寿命。TCSPC 具有时间分辨率高、误差小、测量时间短、信噪比增益高等优势。

值得指出的是，通常我们得到寿命数据，都不做线性坐标下指数的图，而是做对数坐标下的图。这样指数特征就表现为线性。如果得到的数据不是线性，说明偏离指数，表明寿命衰减机制不止一种。

3. **荧光寿命测量**

测量荧光寿命衰减曲线的步骤包括：

（1）测定样品的吸收光谱，以确定其吸收峰的波长。

（2）对量子点样品进行激发，在其吸收峰波长或更短波长进行，并记录发射光谱。以 CdS 量子点为例，其吸收峰位于 460 nm 以下，激发波长可设定为 365 nm，此条件下可观测到大约 500 nm 的发射波长。

（3）基于吸收峰选择合适的激发光源，并调整仪器参数设置。

（4）将适量样品放入石英比色皿中，然后置于仪器样品架上，确保样品正对激发光束。

（5）预测荧光寿命并检查脉冲重复频率，光源的脉冲重复频率不应小于被测最长寿命的 10 倍。

（6）监测探测器的信号（计数/秒），确认信号强度未达到饱和点或脉冲堆积阈值。利用 TCSPC 进行测量时，探测器的信号计数率应保持在激发光源计数率的 5% 以下。

（7）调整测量参数，以确保频谱清晰、拖尾短。排除噪声及无衰减动态信息，以获得准确拟合结果。拟合分析时，仅考虑反映探测器背景的尾部信息。

（8）进行荧光衰减曲线的测量，根据预定光子数收集标准，达到设定值后手动或自动终止测量。

常采用卷积数学模型来处理获得的荧光寿命衰减曲线，可使用 Origin 软件单指数函数（单阶拟合）、双指数函数（二阶拟合）或三指数函数（三阶拟合）来进行数据分析：

$$I(t)=I_0+A_1\exp\left(-\frac{t}{\tau_1}\right)+A_2\exp\left(-\frac{t}{\tau_2}\right)+A_3\exp\left(-\frac{t}{\tau_3}\right) \tag{4-20}$$

$$\tau_{\text{ave}}=\frac{\sum_{i=1}^{n}A_i\tau_i^2}{\sum_{i=1}^{n}A_i\tau_i} \tag{4-21}$$

荧光寿命，或者说荧光持续时间，反映了荧光物质的一种本质特征，该特性与样品的浓度、吸收率、测试手段、发光强度、光致漂白或激发功率无关，会受到诸如环境电场、温度、溶剂极性以及荧光淬灭剂等外在因素的影响。

4.3.5 荧光猝灭

荧光强度的衰减可以归结为很多不同的过程，这些过程统称为猝灭。荧光猝灭可以简单地描述为通过荧光分子和猝灭分子的相互作用来减少荧光分子的荧光强度，并以此划分为动态猝灭和静态猝灭两个类别。

动态猝灭是指处于激发态的荧光分子在与溶液中的其他分子（猝灭剂）接触时失活，

是一种电子转移或能量转移的现象。此过程中分子没有发生化学性改变。动态猝灭包括浓度猝灭、杂质猝灭、温度猝灭等。

静态猝灭是由荧光分子在基态与猝灭剂结合形成非荧光物质引起的。非荧光物质在吸收光子后回到基态的过程中并无光子发射。这种两分子弱结合形成的复合物使荧光完全消失的现象称为静态猝灭。

测量荧光寿命可以有效区分动态猝灭和静态猝灭。静态猝灭复合物是非荧光的，观察到的荧光仅仅来自未被复合的荧光分子，该部分的荧光寿命没有受到影响。

荧光共振能量转移（Fluorescence Resonance Energy Transfer，FRET）是一种特殊类型的动态猝灭，可以将激发能量以非辐射的方式转移到相邻的不同荧光分子中。如图 4 – 32 所示，此时，供体荧光分子变暗，寿命变短，而受体荧光分子一般会发射出较长波长的荧光。[11] 由于 FRET 的产生需要两种荧光分子（小于 10 nm）的密切接触，因此 FRET 可以用作研究分子相互作用的“分子标尺”。它也是许多 FRET 生物传感器的基础，用于测量活体样本中的各种细胞内参数，如 Ca^{2+} 浓度追踪、酸碱度、极性和电位测量、蛋白质相互作用等。

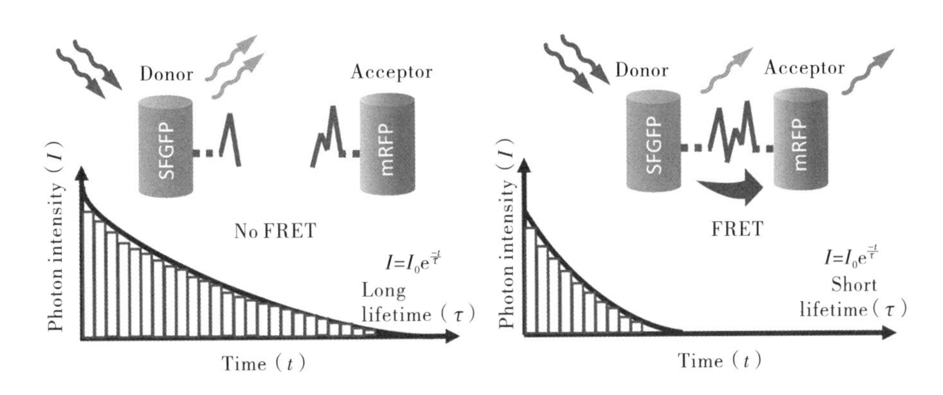

图 4 – 32　荧光共振能量转移示意图

4.3.6　倒置荧光显微镜

倒置荧光显微镜显著特性在于激发光源自物镜下方投射，直接照射在待观察样品的表面。同一物镜既作为照明聚光器用于聚焦激发光源去激发样品产生荧光，又用于收集样本产生的荧光，特别适用于对活体组织、细胞的荧光、相差观察。倒置显微镜与正置显微镜的主要区别有以下几个方面：

1. **显微镜外观不同**

正置显微镜的物镜在载物台上方，透射光源在下方；而倒置显微镜的物镜在载物台下方，透射光源在上方（见图 4 – 33）。

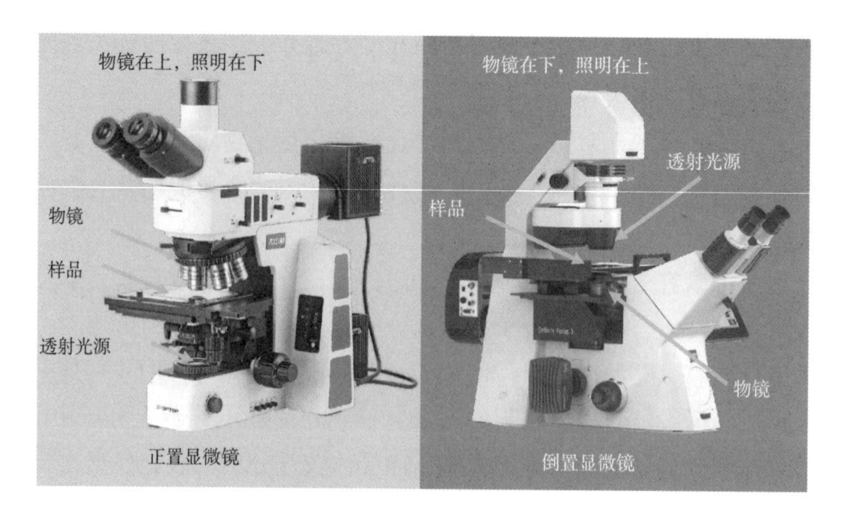

图 4-33　两种显微镜的外观

2. **物镜光学校正不同**

正置显微镜的物镜是为很薄的盖玻片校准的，镜身相关标记是如 0.17 之类很低的数值；倒置显微镜是为较厚的载玻片、培养皿底部校正的，镜身相关标记是 1 以上的数值。两者物镜因此无法通用。

3. **物镜工作距离不同**

倒置显微镜通常用于观察溶液中的被检物，如培养液中的细胞。为了对焦溶液中的悬浮物，倒置显微镜的物镜工作距离会比正置显微镜的大。

4. **放大倍率差异**

正置显微镜可以选择 100×物镜，搭配 10×目镜，实现 1 000×高放大倍率；倒置显微镜的物镜放大倍率只有 60×，这是因为在放大倍率为 100×时，物镜几乎是贴着样品的，这个工作距离已经小于容器底部厚度。也就是说，在对焦成功前物镜就已经撞上容器底部了，无法对焦。

尽管倒置荧光显微镜放大倍率、分辨率不如正置荧光显微镜，但其在生物应用层面更加方便好用。它有更长的工作距离，可以适配各种培养皿从底部直接成像，节省了反复制样做玻片的麻烦，适合大批量、多视野培养细胞等样品的观察；观察时无需打开培养皿，可避免取样制样带来的污染风险；此外，由于其明场照明系统采用的是长工作距离聚光镜，载物台上方有很大的空间，更方便安装使用显微操作系统等配件，实现多功能一体化。

4.3.7　科研实例分析

1. **量子点荧光共振能量转移**

量子点（QDs）在可见光和近红外光波段有很好的光谱响应特性，可以作为光吸收材料，将吸收的光子能量通过 FRET 的方式传递给其他光学纳米材料。Li 等人探究了从 QDs 到二维纳米材料 MoS_2 的荧光共振能量转移过程。[12] 他们首先制备出 CdSe-ZnS 核壳 QDs 涂覆 MoS_2 纳米复合结构（QDs/MoS_2），如图 4－34 所示，首先 QDs 被 514 nm 激光激发，一部分能量以荧光的形式发射出去，另一部分能量通过激子相互作用，非辐射传递给单层 MoS_2，这一过程会导致 QDs 的荧光猝灭。通过对比 SiO_2/Si 基底上 QDs 和 QDs/MoS_2 复合结构中 QDs 的荧光光谱发射峰和荧光衰减曲线，来探究从 QDs 到 MoS_2 的能量转移过程。从图中可以看出，QDs 的荧光光谱发射峰为 622 nm，QDs/MoS_2 复合结构的荧光光谱同时展现出 633 nm 的 QDs 发射峰和 685 nm 的 MoS_2 发射峰。相比 QDs，复合结构中 QDs 发射峰强度明显减弱，峰位也产生了 11 nm 的红移，说明复合结构中 QDs 发生明显的荧光猝灭。此外，他们还测量了 QDs 和 QDs/MoS_2 中 QDs 发射峰的荧光衰减曲线，通过脉冲激光（激发波长：405 nm，脉冲宽度：70 ~ 100 ps，重复频率：2 ~ 100 MHz）激发，然后用基于 MCP-PMT 探测器的时间相关单光子技术系统计数测量得到。将曲线按三阶指数衰减函数拟合，计算得到的基底上的 QDs 荧光寿命约为 5.7 ns，而复合结构中 QDs 荧光寿命缩短至 4.6 ns。以上实验证明，复合结构中 FRET 导致 QDs 发生了荧光猝灭及荧光寿命缩减。

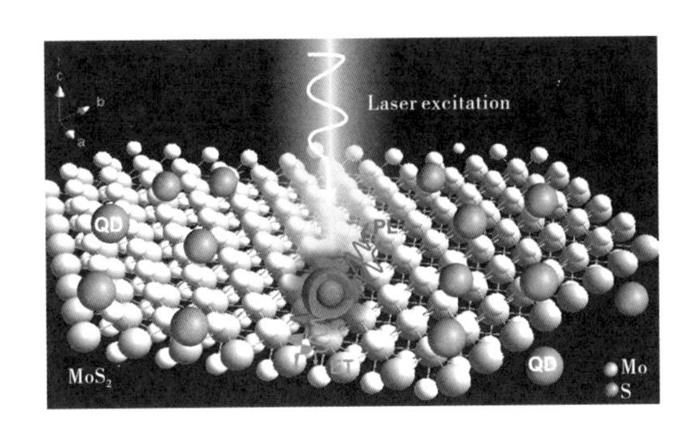

(a) QDs/MoS_2 复合结构中 FRET 示意图

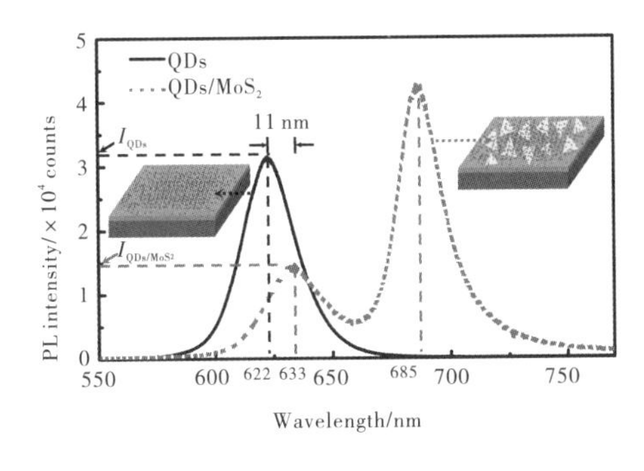

(b) 常温下基底上 QDs（实）及 QDs/MoS_2 复合结构（虚）的荧光光谱

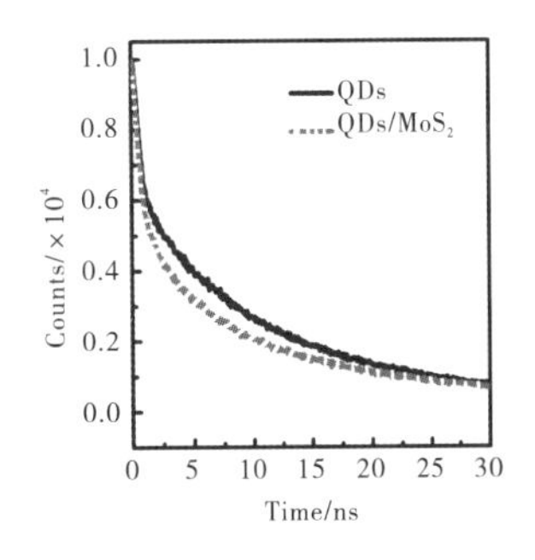

(c) 常温下基底上 QDs（实）及 QDs/MoS_2 复合结构（虚）的荧光衰减曲线

图 4－34 荧光光谱研究量子点共振能量转移过程

2. **表面等离子体共振增强上转换荧光**

与传统荧光发射不同，上转换荧光是利用低频光子激发，经由双光子或者是多光子的中间能态，最终发射高频光子的过程。目前研究最为广泛的稀土元素掺杂的 $NaYF_4$ 上转换纳米颗粒（UCNPs）可以通过 808 nm 或 980 nm 激光激发实现上转换发射，即反斯托克斯位移。但是由于稀土离子普遍存在吸收截面小、结构固有缺陷等问题，上转换荧光强度普遍较弱，表面等离子体共振（SPR）增强上转换荧光被认为是最有效的解决途径之一。SPR 增强上转换荧光的机理主要有两个：一是 SPR 与发射光耦合，通过改变辐射跃迁速率增强发射效率；二是 SPR 与激发光耦合，通过局域场增强效应提高激发效率。研究者提出将非金属 SPR 氧化钨（WO_{3-x}）纳米线与 UCNPs 通过静电自组装进行有效复合。结果发现，UCNPs/WO_{3-x} 复合结构可以选择性增强 UCNPs 在 521 nm 处荧光发射，且增强倍数高达 500 多倍。[13] 为了探索具体上转换荧光增强机理，他们测量了 UCNPs 和 UCNPs/WO_{3-x} 复合结构在三个特征发射峰处的荧光衰减曲线（见图 4－35）。与 UCNPs 相比，UCNPs/WO_{3-x} 在 521 nm 和 540 nm 发射的衰减时间几乎没有变化，但在 654 nm 发射的衰减时间减少了 0.07 ms。这表明 UCNPs/WO_{3-x} 荧光增强主要归因于 WO_{3-x} 与 980 nm 激发光耦合，通过局域场增强效应提高激发效率，而非与发射光耦合。此外，由于 UCNPs 的 654 nm 发射与 WO_{3-x} 的 SPR 吸收带重叠，可以被相邻的 WO_{3-x} 再吸收，从而使 654 nm 衰减时间缩短。

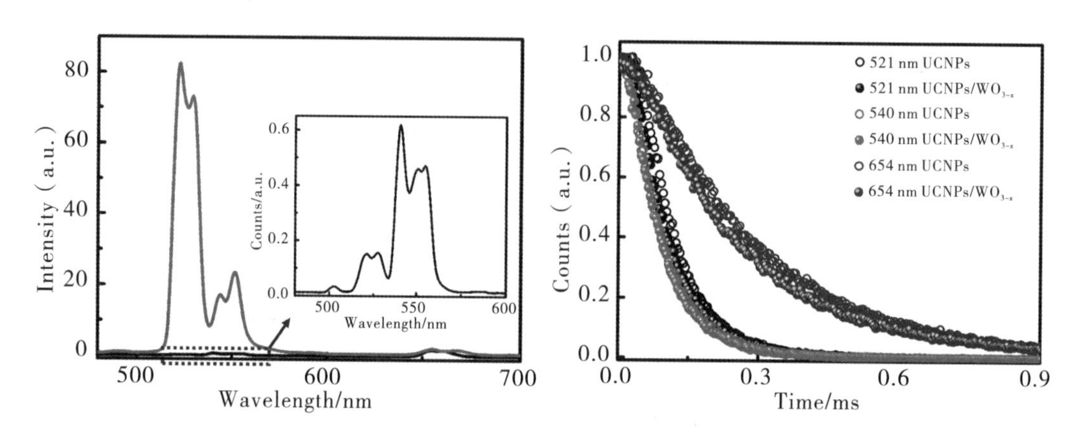

图 4－35 UCNPs（插图）和 UCNPs/WO_{3-x} 复合结构荧光光谱和在不同发射波长处的荧光衰减曲线

4.3.8 常见问题解答

（1）荧光测试应该注意些什么？

样品制备方面，常规荧光测试时，如果样品需要有衬底，要选用硅片等不发光、弱发光衬底；变温荧光测试不接受易挥发、易腐蚀的样品。荧光测试方面，要注意选择大小合适的狭缝，如果狭缝太大，荧光信号太强，可能超出仪器检测范围，损伤探测器；如果狭缝太小，荧光信号又太弱；还要注意选择合适的扫描速度，如果扫描太快，容易忽略特征性的峰信号；如果扫描太慢，则要耗费更多时间；如果需要对比样品荧光强度，必须保证测试条件一致。

（2）样品测荧光寿命之前需要先测稳态发射光谱吗？

是的，样品最好先用同台设备测试发射光谱，光谱强度足够大再来进行荧光寿命测试。一般测试稳态发射谱和荧光寿命用的是激发波长一样或是相近的激光器。荧光寿命的监测波长通常是光谱峰位或根据样品发射机制来确定的。

（3）样品发射波长会变化吗？

样品的发射波长都是一定的，不会随着激发波长的变化而变化，但是相对强度会有一定的变化。无论荧光分子被激发到激发态的哪一个振动能级，都先将振动弛豫到最低振动能级再发生荧光跃迁。因此，荧光光谱通常与激发波长无关（详见 Kasha 规则）。

（4）荧光光谱测试中如何选择滤光片？

发射和激发的时候，滤光片都是放在同一个地方的，都是在检测器和样品之间的位置。发射谱滤光片：建议在设定的激发波长 +20 nm 和发射谱扫描范围下限 -20 nm 之间；激发谱滤光片：建议在设定的监测波长 -20 nm 和激发谱扫描范围上限 +20 nm 之间，这样才不会影响峰型。具体情况还需要结合滤镜的曲线来看。

4.4 拉曼光谱

拉曼光谱技术是通过拉曼散射确定样品化学成分的最有效方法之一。它是通过单色光源（例如激光）激发样品，并产生相应拉曼位移进行的。该过程可以创建一个唯一的指纹，从而可以识别样品。这种光谱技术深受欢迎，在现代生命科学和医学中的应用越来越广泛。它能够以一种无损的方法，在不操纵样品或使用染料和标签的情况下对样品进行分析，并识别样本中的不同成分，因此也常常被用于固态物理和化学中，以识别有机和无机材料。

4.4.1 拉曼光谱原理

拉曼光谱是基于印度科学家 C. V. Raman 发现的拉曼散射效应来研究物质结构的一种分析方法。当入射光与物质相互作用时，会发生散射现象，拉曼光谱通过测量和分析散射光的频率变化，获取分子振动和转动模式的信息，来研究分子结构性质。这种方法在物理化学和材料科学等领域都有广泛的应用。

光的散射分为弹性散射和非弹性散射两种。前者是指以一定频率的入射光照射分子后，散射光的传播方向发生变化，但是波长、频率和能量都不变，如瑞利散射。后者是指入射光与物质分子相互作用之后，散射光的频率、波长和能量都产生一定变化，如拉曼散射（见图 4 - 36）。斯托克斯拉曼和反斯托克斯拉曼都是非弹性的，一般由散射光子的能量来区分两种类型的非弹性散射的微分特性。我们用以下视角进行分析：第一种情况，当入射光子与基态分子发生碰撞，分子吸收光子，跃迁到更高的能级，然后迅速回到基态，辐射出一个光子；按照能量守恒和动量守恒定律，这就相当于光子和分子发生弹性碰撞，辐射出的光子的能量与入射光子相同，频率不变，对应到探测光谱上就表现为谱线与入射光谱重合，称为瑞利线。第二种情况，当入射光子与基态分子发生碰撞，分子吸收光子，跃迁到更高的能级，然后迅速回到某个振动能级而非基态，辐射出一个光子；按照能量守恒和动量守恒定律，由于入射光子的部分能量转移成了分子的振动能量，辐射出的光子的能量会变低，频率会变小，对应到探测光谱上就表现为谱线往低频（左）移动，称为斯托克斯线（位移）。第三种情况，当入射光子与激发态分子发生碰撞，分子吸收光子，跃迁到更高的能级，然后迅速回到基态，辐射出一个光子；按照能量守恒和动量守恒定律，辐射出的光子的能量会变高，频率会变大，对应到探测光谱上就表现为谱线往高频（右）移动，称为反斯托克斯线（位移）。值得指出的是，拉曼散射的概率极小，最强的拉曼散射也仅占整个散射光的千分之几，而最弱的甚至小于万分之一。斯托克斯拉曼散射比反斯托克斯拉曼散射更常见，因为反斯托克斯拉曼散射要求分子已经处于激发的振动状态，而根据玻尔兹曼统计，高能态布居数总是更小的。这意味着，尽管反斯托克斯拉曼散射比斯托克斯拉曼散射具有更高的能量，但强度通常要小得多。因此，斯托克斯拉曼散射通常用于拉曼光谱测量。

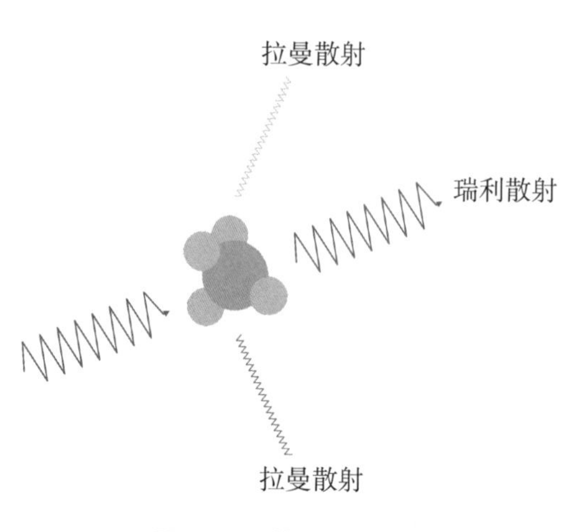

图 4 - 36　拉曼散射示意图

从上面的分析可以看出，散射光的频率是在入射光的基础上发生斯托克斯位移或者反斯托克斯位移。因此拉曼谱线的频率是跟随入射光变化而变化的。无论是斯托克斯位移还是反斯托克斯位移，其本质都是样品分子本身的振动和转动能级差，与入射光频率无关。斯托克斯位移、反斯托克斯位移统称拉曼频移（Raman Shift）——$\Delta\nu$，即拉曼光谱的横坐标。不同物质分子具有特定的 $\Delta\nu$，因此拉曼光谱可以用于物质分子结构的分析与研究。

4.4.2 常见分子振动和转动模式

拉曼光谱由散射峰值及其频率构成。对于拉曼光谱，可以通过分析峰强度判定样品浓度；可以通过谱峰位置即拉曼位移推断官能团的存在，并进行化学计量学分析；可以通过谱峰相对标准样品的偏移推测应力/应变、变形、压力等物理量；可以通过谱峰比值推测样品成分的相对浓度；可以通过偏振拉曼推测分子的手性取向等。

上文提及，拉曼位移的本质是分子的振动和转动能级差。学习了解分子常见振动模式有助于快速掌握拉曼光谱。基本的分子振动模式包括弯曲振动、对称伸缩振动、反对称伸缩振动等。每一种分子键（例如 C ═ C，C—H、基团、聚合物长链振动等）的振动都对应拉曼光谱上的一个谱峰。通常情况下，这些振动模式有可能是简并的，也有可能是非简并的。

拉曼光谱源自样品的分子能级，一般情况下是分子所独有的“指纹”信息。因此，拉曼光谱常常用于快速鉴定区分不同材料。当前，拉曼光谱已经积累大量的数据库，以供使用者快速匹配鉴别。表 4 – 5 是几种常用的化合物中基团的拉曼特征谱带。

表 4 – 5　几种常用的化合物中基团的拉曼特征谱带

振动	频率范围/cm^{-1}
υ（O—H）	3 650 ~ 3 000
υ（N—H）	3 500 ~ 3 300
υ（ = C—H）	3 100 ~ 3 000
υ（ – C—H）	3 000 ~ 2 800
υ（ – S—H）	2 600 ~ 2 550
υ（ C≡N ）	2 255 ~ 2 200
υ（ C≡C ）	2 250 ~ 2 100
υ（C ═O）	1 820 ~ 1 680
υ（C ═C）	1 900 ~ 1 500
υ（C ═N）	1 680 ~ 1 610

4.4.3 拉曼光谱仪构造和使用

拉曼光谱仪主要由以下部分组成（见图 4 – 37）：

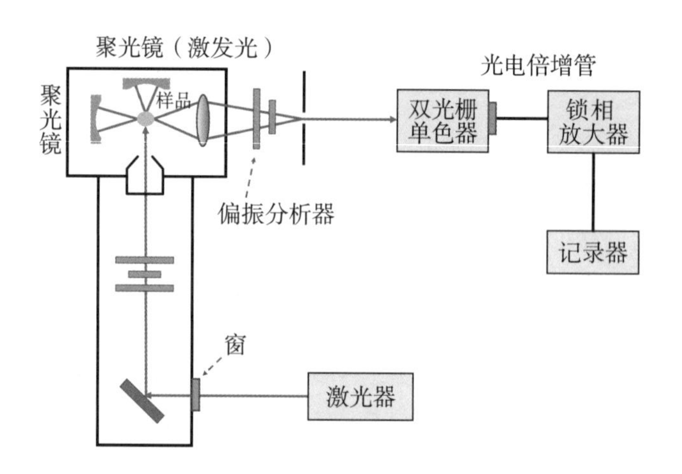

图 4-37　拉曼光谱仪结构组成示意图

（1）激光光源：单色性好、功率大，如氩离子激光（514.5 nm 和 488.0 nm，单频输出功率为 0.2 ~ 1 W）；氦氖激光（632.8 nm，50 mW）。

（2）样品架：照明最有效和杂散光最少，常用微量毛细管以及常量的液体池、气体池和压片样品架等。

（3）色散系统：通常使用单色仪使拉曼散射光按波长在空间分开。

（4）接收系统：分为单通道接收和多通道接收，比如光电倍增管就属于单通道接收。

（5）信息处理：常用的电子学信息处理方法是直流放大、选频以及光子计数，以提取拉曼散射信息，然后用记录仪绘出谱图。

拉曼光谱测试注意事项：

（1）激光波长的选择对于实验的结果有着重要的影响。①灵敏度：拉曼散射强度与激光波长的四次方成反比，因此，蓝/绿可见激光的散射强度比近红外激光高 15 倍以上；②空间分辨率：在衍射极限条件下，激光光斑的直径可以根据公式计算得出。比如采用数值孔径为 0.9 的物镜，采用 532 nm 激光的光斑直径理论上可以小到 0.72 μm，在同样条件下使用 785 nm 激光时，光斑直径最小值为 1.1 μm；③基于样品特性优化选择激发波长：不同物质产生荧光的范围不同，激发波长的选择可以避开荧光的干扰，如蓝/绿色激光（440 ~ 565 nm）适合无机材料和表面增强拉曼散射（Surface-enhanced Raman Scattering，SERS），红色和近红外激光（660 ~ 830 nm）可以抑制样品荧光，紫外激光适合蛋白质、DNA 等生物分子的共振拉曼。

（2）光栅选择：光栅刻线密度越大，光谱分辨率越低，一次扫谱覆盖范围越小，信号强度越低。如果选择刻线密度很大的光栅，且测量谱范围很大，那么测试过程中系统光路会进行调整，测试所需时间较长。

（3）狭缝与针孔：实现共聚焦功能的关键部件是针孔或狭缝，狭缝光通量大，适合单点的拉曼信号测试；针孔则能提高空间分辨率，降低荧光干扰，适合拉曼成像。

（4）曝光时间：对于不耐照射的有机物等，需要采用低功率、长时间累计信号，单次采谱曝光时间越长，信号越强，但需注意避免信号饱和；循环次数越多，光谱越平滑。

（5）样品制备：固体样品直接放在载玻片上即可。有毒、易挥发的液体可以封装在毛细管里（用两端开口的毛细管，将一端浸入溶液中，待吸上一段液柱后取出，用酒精灯将毛细管两端烧结）；无毒、不挥发的液体可以滴到金属（如硬币）表面或置于石英比色皿或液体样品池。气体样品最好能进行压缩处理。

（6）样品聚焦测试：聚焦样品时，须先用低倍物镜粗调至样品聚焦清楚，然后根据需要切换到高倍物镜，微调即可。注意：普通 100 × 物镜到样品的距离只有大约 200 μm，只适用于测试表面光滑的样品，对于粗糙表面样品，可选择 50 × 长焦物镜；测试环境最好无其他光源、强振动源、强电磁的干扰，不可受阳光直射。

实际测量中，实验样品拉曼谱线和标准样品相比往往会发生偏移；如果实验谱线频率（波数）比标准样品大，称为蓝移；比标准样品小，则称为红移。这是因为分子中所观测的特征结构（例如某个化学键或官能团）往往受到其他分子（例如溶剂分子）或者分子其他部分的影响。例如有机大分子中 C—C 键经常会被相连的其他结构拉伸或压缩，从而影响振动和转动能级，进而出现蓝移或红移。

4.4.4 拉曼光谱与红外光谱对比

从上文讨论可以看到，拉曼光谱是入射光子与样品分子的振动和转动能级发生能量交换产生的，红外光谱往往是振动和转动能级跃迁吸收引起的。两者的物理机制完全不同。但是，从光谱所反映的能级结构来看，拉曼光谱和红外光谱都对应分子的振动和转动能级。

一般情况下，分子的对称性越高，红外光谱和拉曼光谱之间的差异就越明显。非极性官能团通常在拉曼光谱中表现出较强的特征，而极性官能团则在红外光谱中呈现较强的特征。举例来说，C═C 键的伸缩振动在拉曼光谱中比相应的红外光谱更为显著，而 C═O 键的伸缩振动则在红外光谱中更为突出。对于链状聚合物，通过红外光谱更容易检测到碳链上的取代基，而通过拉曼光谱更容易表征碳链的振动。

相比红外光谱，拉曼光谱具有以下优缺点。

优点如下：

（1）使用的激光光源性质使其适宜分析微量样品；

（2）由于水的拉曼光谱很弱，拉曼光谱非常适合水相体系的研究，载体干扰小；

（3）光谱的测量范围宽，通常为 40 ~ 4 000 cm^{-1}，而红外光谱覆盖相同的区间则必须改变光栅、滤波器和检测器；

（4）谱峰清晰尖锐，更适合定量研究；

(5) 共振拉曼和表面增强拉曼更能提高光谱的灵敏度和信噪比，适用于生物、药物等痕量物质的检测。

缺点如下：

(1) 激光照射样品产生的热效应可使相当数量的有机化合物和生物样品发生热分解作用而遭受破坏；

(2) 拉曼散射光较弱，荧光产生的强背景会对其造成影响；

(3) 目前，拉曼的标准谱图库还远没有红外光谱库丰富。

4.4.5 表面增强拉曼散射

由于拉曼散射截面小，特别是对于生理条件下的水溶液中的生物分子，拉曼光谱显得对其高度不敏感，同时，拉曼光谱检测所需的高激光功率对软质生物样品不利，样品容易被打穿破坏，因此，可以通过金属纳米结构衬底的近场等离子体增强来避免拉曼散射中的低灵敏度问题，这使得即使在极低的分析物浓度下，拉曼信号也会产生高电磁/化学增强。这种表面敏感技术被称为表面增强拉曼散射，是在普通的拉曼散射的基础上发展起来的一种技术。通过该门技术，可以在提供增加几个数量级的拉曼散射截面下，实现利用较低的激光功率进行单分子检测和表征的目的。目前，SERS 技术已经广泛应用于微量元素分析、单分子检测、细菌鉴别、表面催化反应等，并且如今普遍认为其机理主要包括电磁增强机制和化学增强机制，如图 4-38 所示。

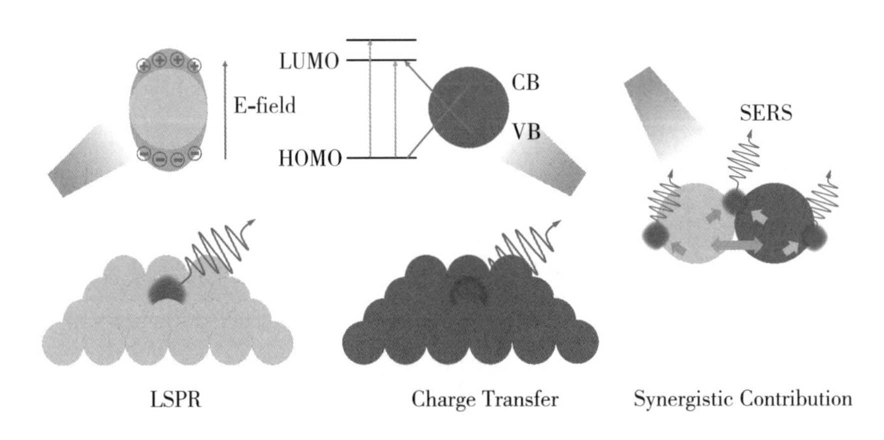

图 4-38 电磁增强机制和化学增强机制的 SERS 示意图

1. 电磁增强机制

拉曼散射强度正比于局域电场强度的四次方。由于金属表面存在大量的自由电子，当入射光照射到表面时，自由电子发生集体振荡，就会产生表面等离激元共振效应，局域电磁场强度增加，使得金属表面吸附的待测分子的拉曼散射的强度也有所增加。贵金属纳米结构相互靠近，形成纳米间隙，即“热点”，热点处的电磁场强度会得到极大增强，从而使拉曼信号强度提高几个数量级，实现单分子检测。

2. 化学增强机制

当被测拉曼分子吸附在SERS基底并且形成化学键时，我们使用适合波长的激光辐射基底，被测分子和基底上的电子会吸收光子的能量并发生跃迁，产生电荷转移，改变分子的有效极化率，从而增强拉曼信号。化学增强机制产生的拉曼增强因子一般弱于电磁增强机制。

4.4.6 科研实例分析

1. 钨酸铋纳米材料的拉曼光谱

Lu等人利用溶剂热法通过添加不同的还原剂合成出三种不同形貌的钨酸铋（BWO）样品，分别标记为BWO-0、BWO-1、BWO-2。从BWO-0和BWO-2样品的拉曼光谱中可以观察到，位于797 cm^{-1}和826 cm^{-1}处的拉曼谱峰分别属于O—W—O键的反对称和对称A_g模式（见图4-39）。[14] BWO-2样品的对称模式向反对称模式移动，同时还在936 cm^{-1}处观察到W═O键，说明WO_6八面体的有序桥键被氧空位破坏，并被W═O键所取代。BWO-2样品在310 cm^{-1}处的平动模式发生明显位移，可能涉及Bi^{3+}和WO_6^{6-}的同时位移，这是氧空位的存在导致上述位移的出现。因此，可以从拉曼光谱表征看出，在BWO-2样品的晶体结构中W原子周围存在丰富的W—O—W空位。

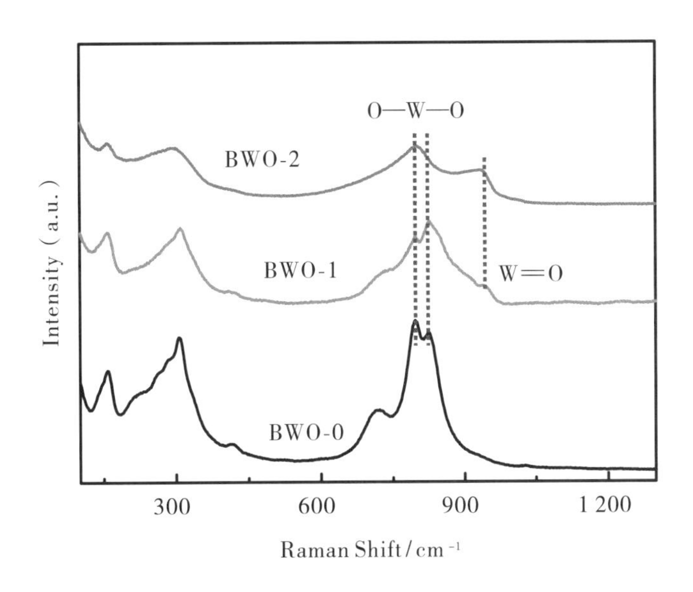

图4-39 BWO-0、BWO-1和BWO-2的拉曼光谱图

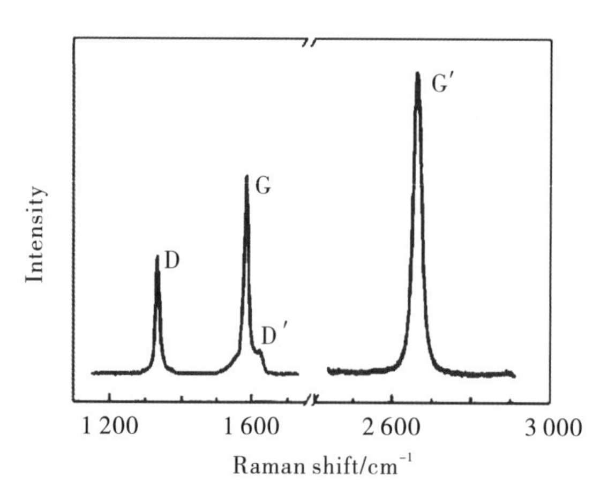

图4－40　514.5nm 激光激发下单层石墨烯的拉曼光谱

2. 石墨烯拉曼光谱

2004 年英国曼彻斯特大学 Novoselov 等人首次通过机械剥离的方法成功制备出一种新型二维碳材料——石墨烯（graphene）。[15] 在石墨烯的研究中，往往需要确定其层数以及量化无序性。石墨烯的拉曼光谱可以推断层数、堆垛、缺陷、掺杂等性质特征。图4－40展示了 514.5 nm 激光激发下单层石墨烯的典型拉曼光谱图。图中 G 峰（1 580 cm^{-1}）是由 sp^2碳原子的面内振动引起的，能有效反映石墨烯的层数，但极易受应力影响，是石墨烯的主要特征峰；D 峰（1 350 cm^{-1}）是结构缺陷或边缘引起的；G′峰（2 700 cm^{-1}）又称为2D 峰，表征石墨烯样品中碳原子的层间堆垛方式。

不同层数的石墨烯的电子色散不同，因此拉曼光谱存在明显差异。图 4－41 展示了 532 nm 激光激发下 1～4 层石墨烯的典型拉曼光谱图。G 峰的强度和 G′峰的峰型常被用来作为石墨烯层数的判断依据。从图中可以看到，不同层数的石墨烯 G 峰的强度也会随着层数的增加而近似线性增加。单层石墨烯的 G′峰尖锐、对称，强度大于 G 峰，而多层石墨烯的 G′峰逐渐增宽、蓝移，强度逐渐低于 G 峰。双层石墨烯 G′峰可以拟合成四个洛伦兹峰，三层石墨烯 G′峰则可以用六个洛伦兹峰来拟合。

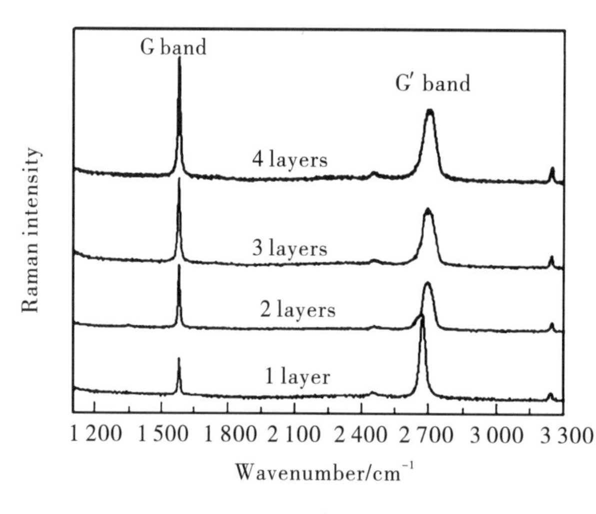

（a）1～4 层石墨烯的拉曼光谱　　（b）1～4 层石墨烯的拉曼 G′峰

图 4－41　1～4 层石墨烯的拉曼光谱和 G′峰

拉曼光谱也可以表征石墨烯材料的缺陷，带有缺陷的石墨烯在 1 350 cm^{-1}附近会有 D 峰，一般用 D 峰与 G 峰的强度比（$\frac{I_D}{I_G}$）以及 G 峰的半峰宽来表征石墨烯中的缺陷密度。研究表明，缺陷密度正比于$\frac{I_D}{I_G}$，此外，含有缺陷的石墨烯还会出现位于 1 620 cm^{-1}附近的 D′峰。$\frac{I_D}{I_{D'}}$与石墨烯表面缺陷类型密切相关。因此，拉曼光谱是一种判断石墨烯缺陷类型和缺陷密度的有效手段。

3. **表面增强拉曼散射**

SERS 技术克服了传统拉曼信号微弱的缺点，可以使拉曼信号强度增大几个数量级。Li 等人设计制备出银纳米线和银纳米颗粒修饰单层二硫化钼的三元复合结构 AgNW－AgNP－MoS_2，作为 SERS 活性基底，协同利用贵金属的电磁场增强和超薄二维材料的化学增强机制，有效放大罗丹明（R6G）染料分子的拉曼信号。[16] 图 4－42（a）是复合结构基底上 R6G 分子浓度从 10^{-11} M 到 1 mM 的拉曼光谱，可以看到 AgNW－AgNP－MoS_2复合结构能实现对 R6G 分子的高灵敏探测，探测限低至 10^{-11} M。随着 R6G 分子浓度的增加。其拉曼信号的强度也不断增加。图 4－42（b）是三个拉曼特征峰 1 358 cm^{-1}（方形）、1 508 cm^{-1}（三角）和 1 645 cm^{-1}（圆形）的 SERS 强度随着浓度变化的变化曲线，其实验数据与 Langumir 模型相吻合。在浓度较低时，SERS 强度随着浓度的增加而增加，但当浓度达到1 mM时，SERS 强度就逐渐趋于饱和。据此，我们可以根据拉曼特征峰的强度来推导样品的浓度。

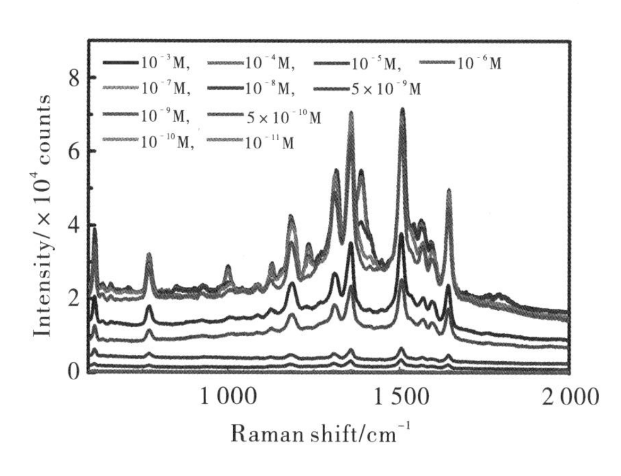

（a）不同浓度 R6G 分子在 AgNW－AgNP－MoS_2复合结构基底上的拉曼光谱

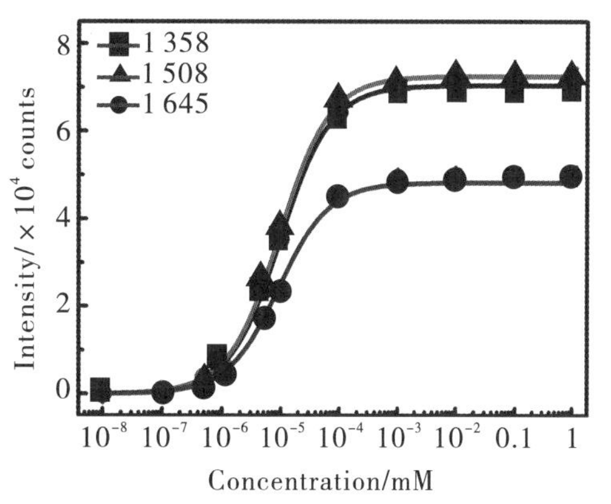

（b）R6G 分子拉曼特征峰 1 358、1 508以及1 645 cm^{-1}强度随浓度变化的变化曲线

图 4－42 表面增强拉曼散射推导样品的浓度

SERS mapping 是一种半自动数据采集技术，可以在选定区域自动收集数百个拉曼光谱，然后对指定峰位值的强度或者峰面积进行积分，生成热图。Yang 等人构建出4－巯基苯硼酸修饰的银纳米粒子（4-MPBA@ AgNPs）作为 SERS 标签，与捕获的大肠杆菌相结合，产生强烈的4-MPBA 特征信号用以指示目标细菌。[17] 该平台展现出良好的定量检测能力，通过随机选取 20 μm×20 μm 检测区域，以 2 μm 步长进行 SERS 光谱扫描，以 4-MPBA 在 1 072 cm^{-1}处的特征峰值绘制热图，得到该区域的 SERS mapping 图像。随着检测样本中大肠杆菌浓度的增加，捕获的细菌越多，相应能够结合的 SERS 标签也越多，从而产生了更强的 SERS mapping 图像［不同颜色的点代表不同的信号强度，颜色越亮，特征峰信号强度越高；相反，颜色越暗，峰强度越低，见图 4－43（a）～(h)］。对检测区域中所有数据点求和取平均作为该样本的信号强度值，获得大肠杆菌浓度与信号强度之间的函数关系［见图 4－43（i）］，线性检测范围为 10^2 ～10^8 CFU/mL，检测限 1.35 CFU/mL。该 SERS mapping 平台可以应用于益生菌饮料和新鲜鸡胸肉样品中大肠杆菌的检测，定量回收率为实际添加量的 97.54%～107.29 %，证实其在实际样品分析中的应用潜力。

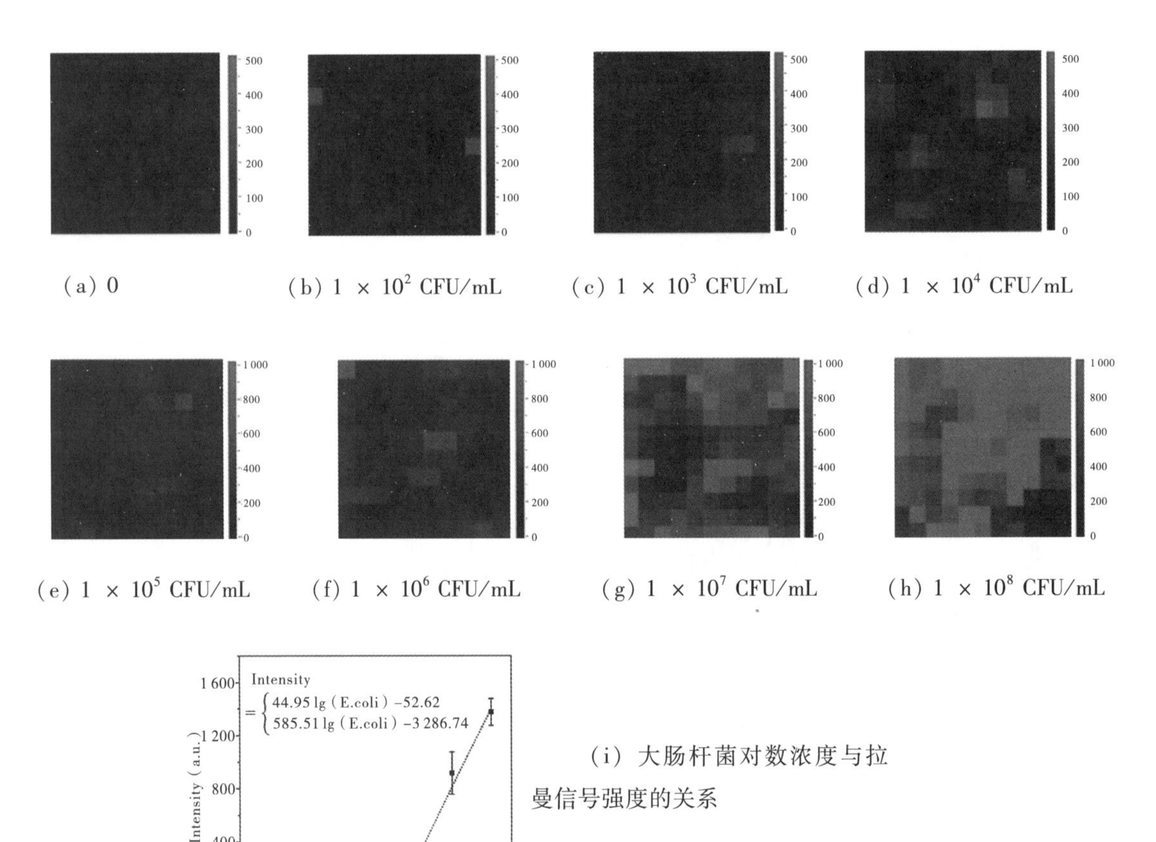

图 4－43　不同大肠杆菌浓度下三明治状底物的 SERS 图谱

4.4.7 常见问题解答

（1）拉曼光谱测试制备样品有无要求？

拉曼光谱测试可以不做样品处理，尤其是固体样品，无需进行研磨、溶解、压片等处理。拉曼光谱是完全非接触、无损伤的，因此常用于考古中的颜料分析及重要法庭物证的分析。

（2）为什么在测试样品时得到的光谱横坐标是 Raman Shift，但是文献中却是Wavenumber？

Raman Shift 即为拉曼位移或拉曼频移，指的是散射光子频率与入射光子频率的差。根据电磁学知识，频率和波数（Wavenumber）相差一个光速因子 c，因此拉曼位移可以用波数来表示。为方便计算，拉曼光谱的横坐标往往采用波数，单位为 cm^{-1}，而拉曼位移就是拉曼波数差。部分文献直接把拉曼位移用波数来表示。

（3）拉曼光谱测试的检测深度是多少呢？

拉曼光谱测试是表面测试，检测深度只有 10 nm 左右，样品均匀性对测试结果影响很大，如果测试结果没有出峰，说明在此位置表面没有该物质结构存在。

（4）为什么测试时一些光谱具有十分强的背景信号，从而影响拉曼信号的测定？

一些发荧光或磷光的样品在测量时会出现非常高的背景光谱，这是样品材料的本征性质，是激光辐照下无法避免的结果，但我们可采取一些措施减少荧光影响，比如改变激发波长，将其移至紫外光或近红外光区域；一些样品可在测试前利用激光辐照一段时间，对荧光进行猝灭，以减小荧光的干扰；采用共焦模式测量强光下辐照的小体积样品时，荧光也会大大降低。此外，实验室内光源如荧光、白炽灯或日光灯等，也会在测试光谱上呈现出背景信号，因此在测试时应将室内光源关闭或利用遮光罩，以避免外界的杂散光进入光谱仪。

（5）测试时发现待测样品的信号很弱应如何做？

当进行样品测试时发现拉曼光谱信号很弱，首先要检查样品是否正确放置在显微镜下并且处于聚焦状态，同时检查仪器是否处于常规状态而非共焦状态。如果激光功率小于100%，可尝试提高功率增强信号。如果光谱噪声很大，可采用增加扫描积分时间或积分次数来提高信噪比。

（6）为什么金属没有拉曼峰？

拉曼光谱的来源是分子的振动转动光谱。金属都是原子结构的，不存在分子的振动，因而没有拉曼峰。

（7）怎样避免被测试的样品被激光烧毁？

当进行样品测试时，激光照射在样品局域表面的能量较大，尤其在采用 NIR 或 UV 激光激发时。有些样品在光照下对热或光是十分敏感的，这会导致测量信号包含样品烧毁后的特征，而不是样品本征的信号。比如非晶碳膜在 1 500 cm^{-1}波数附近的本征峰在强光激发时会显示出石墨化的碳峰，因此需选择合适的激光功率来进行测试。

（8）总是在测试时得到一些位置重复的、尖锐的谱峰，为什么?

当测试一个样品发现有一些尖锐谱线在相同的位置重复出现时，可以排除它们是宇宙射线的可能（宇宙射线的位置是随机的)。这些重复的尖锐谱线可能来自日光灯的照射或显示器的磷光发射，也可能来自气体激光器发射的等离子线，需仔细鉴别。

参考文献

[1] SINGHA M K, PATRA A. Highly efficient and reusable ZnO microflower photocatalyst on stainless steel mesh under UV－Vis and natural sunlight [J]. Optical materials, 2020, 107: 1－9.

[2] 陈国松，陈昌云．仪器分析实验 [M]. 南京：南京大学出版社，2009.

[3] 国家质量监督检验检疫总局．JJG 178—2007 紫外、可见、近红外分光光度计 [S]. 北京：中国标准出版社，2007：11.

[4] HINMAN J G, STORK A J, VARNELL J A, et al. Seed mediated growth of gold nanorods: towards nanorod matryoshkas [J]. Faraday discussions, 2016, 191: 9－33.

[5] WANG Y T, CAI J M, WU M Q, et al. Rational construction of oxygen vacancies onto tungsten trioxide to improve visible light photocatalytic water oxidation reaction [J]. Applied catalysis b: environmental, 2018, 239: 398－407.

[6] MAHMOUD M A, CHAMANZAR M, ADIBI A, et al. Effect of the dielectric constant of the surrounding medium and the substrate on the surface plasmon resonance spectrum and sensitivity factors of highly symmetric systems: silver nanocubes [J]. Journal of the American chemical society, 2012, 134 (14): 6434－6442.

[7] SINGH J, KHAN S A, SHAH J, et al. Nanostructured TiO_2 thin films prepared by RF magnetron sputtering for photocatalytic applications [J]. Applied surface science, 2017, 422: 953－961.

[8] LU C H, LI J, CHEN G Y, et al. Self-Z-scheme plasmonic tungsten oxide nanowires for boosting ethanol dehydrogenation under UV-visible light irradiation [J]. Nanoscale, 2019, 11 (27): 12774－12780.

[9] DEMIRAL I, SAMDAN C, DENIRAL H. Enrichment of the surface functional groups of activated carbon by modification method [J]. Surfaces and interfaces, 2021, 22: 1－14.

[10] LING H, GUAN D M, WEN R R, et al. Effect of surface modification on the luminescence of individual upconversion nanoparticles [J]. Small, 2024, 20: 1－10.

[11] YAN Z Q, KAVANAGH T, DA SILVA HARRABI R, et al. Fret sensor-modified synthetic hydrogels for real-time monitoring of cell-derived matrix metalloproteinase activity using fluorescence lifetime imaging [J]. Advanced functional materials, 2024, 34 (21): 1－12.

[12] LI J, ZHANG W N, ZHANG Y, et al. Temperature-dependent resonance energy transfer from CdSe-ZnS core-shell quantum dots to monolayer MoS_2 [J]. Nano research, 2016, 9 (9): 2623 -2631.

[13] LI J, ZHANG W N, LU C H, et al. Nonmetallic plasmon induced 500-fold enhancement in the upconversion emission of the UCNPs/WO_{3-x} hybrid [J]. Nanoscale horizons, 2019, 4 (4): 999 -1005.

[14] LU C H, LI X R, WU Q, et al. Constructing surface plasmon resonance on Bi_2WO_6 to boost high-selective CO_2 reduction for methane [J]. ACS nano, 2021, 15 (2): 3529 -3539.

[15] NOVOSELOV K S, GEIM A K, MOROZOV S V, et al. Electric field effect in atomically thin carbon films [J]. Science, 2004, 306 (5496): 666 -669.

[16] LI J, ZHANG W N, LEI H X, et al. Ag nanowire/nanoparticle-decorated MoS_2 monolayers for surface-enhanced Raman scattering applications [J]. Nano research, 2018, 11 (4): 2181 -2189.

[17] YANG Y, ZENG C, HUANG J, et al. Specific and quantitative detection of bacteria based on surface cell imprinted SERS mapping platform [J]. Biosensors and bioelectronics, 2022, 215: 1 -7.

相关网站

RRUFF

网址：https://rruff. info/。

该网站包含矿物拉曼光谱、X 射线衍射的综合数据。

附　录

附录一　晶体结构的基础知识

固体可以划分为晶体和非晶体。晶体与非晶体的最本质区别在于是否“长程有序”。“长程有序”就是指固体内部原子、分子或离子在三维空间内呈周期性排布。非“长程有序”就是指内部原子、分子或离子的排列呈现杂乱无章的分布状态，这样的固体称为非晶体，又称玻璃体。绝大多数常见的固体都是晶体。晶体通常具备确定的熔点温度——达到某一温度后，晶体会产生固液相变。晶体能够自发地形成封闭规则结构的凸多面体外形，且固定晶面的夹角不变。由于微观粒子在不同方向上的排列规律不同，因此晶体往往是各向异性的。晶体的原子排列具备一定的群对称性，也往往是能量最低的状态。

晶体可以用点阵来描述。所谓点阵，就是不考虑具体原子的大小，统一用点表示；原子之间的相互作用（即化学键），用线段或者虚线表示。固定某一原子为原点，可以建立坐标系，点阵中任意一点可用原点指向的矢量来表示，这样，晶体结构就能通过熟悉的矢量来描述。附图 1－1 是典型的一种点阵示意图。

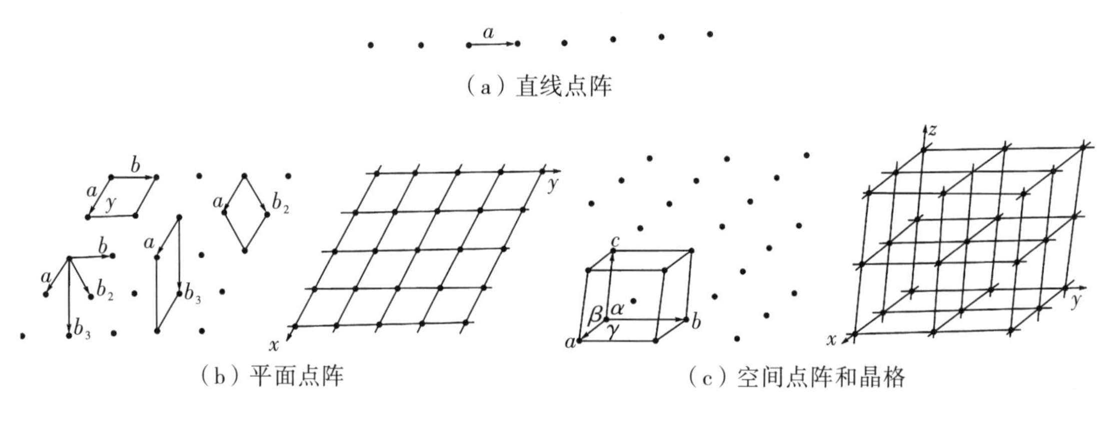

附图 1－1

晶体的最小结构周期单元叫晶胞。晶胞既是化学组成的周期单元，又是晶体对称性的结构单元。为了思维方便，我们习惯以一些化学键为坐标轴，取晶胞为平行六面体，整个晶体可以看成无数个晶胞无隙并置而成，其大小和形状由晶胞参数即三组棱长 a、b、c 及棱间交角 α、β、γ 来表示。

为了简化思维，晶胞选取的平行六面体应该尽可能采用直角（方便矢量表示与计算），棱和角相等的数目应尽可能多。在满足上述条件的情况下，晶胞应具有最小的体积。

晶胞中粒子数的计算方法通常采用均摊法。某一面上的原子同分界面两边，只能算二分之一；某一边上的原子，同属棱边所分的四个晶胞，每个晶胞只能得到四分之一；位于顶点的原子则为八个晶胞所共有，每个晶胞只能得到八分之一；位于体内的粒子只为一个晶胞所拥有，所以该原子全部都属于该晶胞。

布拉维晶格在三维平面上有七大晶系：三斜、单斜、正交、四方、立方、三方、六方。依照简单、体心、面心及底心，总共有 14 种晶格（见附图 1－2）。每种晶格的典型代表如附图 1－3 所示。

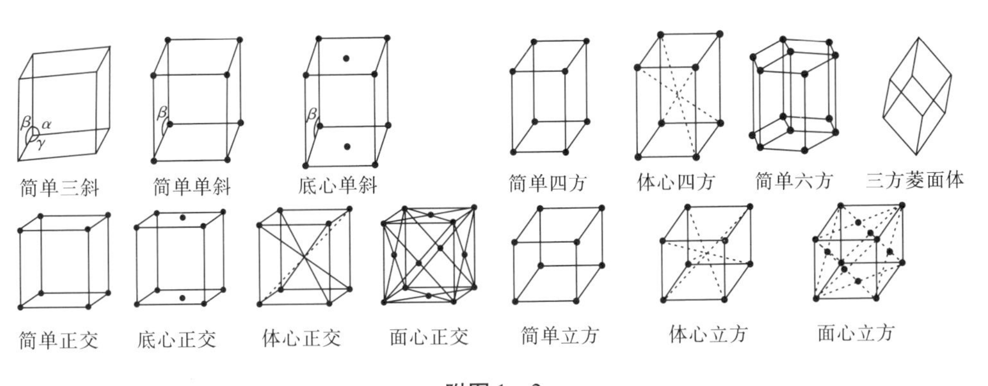

附图 1－2

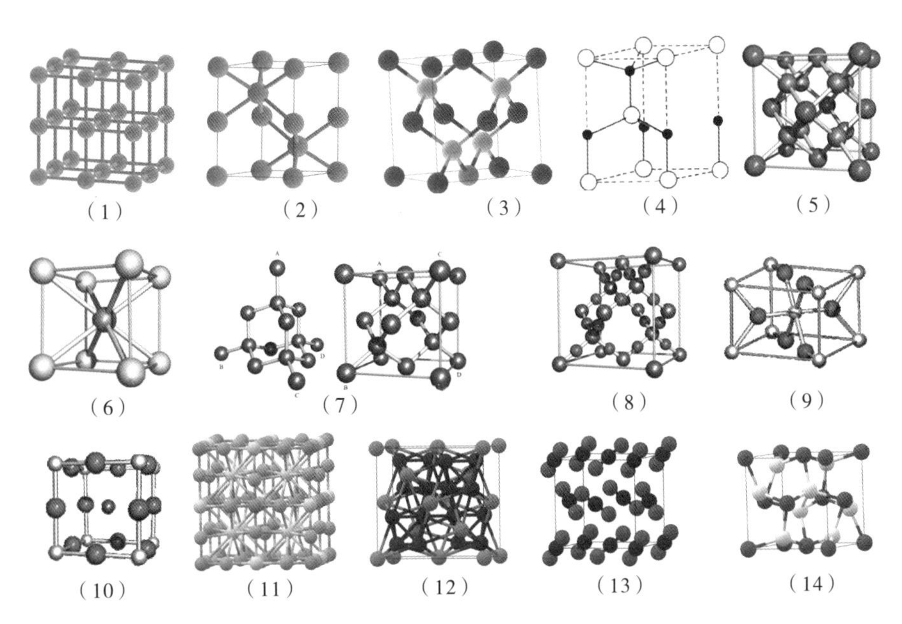

附图 1－3

（1）立方密堆积，典型晶格 NaCl；

（2）六方密堆积，典型晶格 NiAs；

（3）立方密堆积，如闪锌矿，立方 ZnS；

（4）六方密堆积，如纤锌矿，六方 ZnS；

（5）立方密堆积，如萤石，CaF_2；

（6）简单立方堆积，如 CsCl；

（7）立方金刚石，与立方 ZnS 相同；

（8）面心立方，如 SiO_2；

（9）金红石，如 TiO_2；

（10）钙钛矿，如 $CaTiO_3$；

（11）冰晶石，如 Na_3AlF_6；

（12）Lavis 相晶体，如 $MgCu_2$ 可看作 Mg 做立方金刚石堆积，Cu 四面体填入剩余的一半四面体空隙；

（13）立方密堆积，如干冰；

（14）立方晶系，如黄铁矿、FeS_2。

附录二　光的吸收与辐射的半经典理论

如果原子本来处于激发能级，即使没有外界光的照射，也可能跃迁到某些较低能级而放出光来，这称为自发辐射（spontaneous radiation）。

1. 光的吸收与受激辐射

（1）光的吸收与受激辐射概念。

在光的照射下，原子可能吸收光而从低能级跃迁到较高能级，或从较高能级跃迁到较低能级并放出光，这两种现象分别称为光的吸收（absorption）和受激辐射（stimulated radiation）。

（2）受激辐射跃迁概率。

对单色光，跃迁概率为

$$P_{k'k}(t)=\frac{\pi t}{4\hbar^2}|w_{k'k}|^2\delta\left(\frac{\omega_{k'k}-\omega}{2}\right)$$

而跃迁速率为

$$w_{k'k}=\frac{\pi}{6\hbar^2}|D_{k'k}|^2E_0^2\delta(\omega_{k'k}-\omega)$$

非偏振自然光引起的跃迁速率为

$$w_{k'k}=\frac{4\pi^2}{3\hbar^2}|D_{k'k}|^2\rho(\omega_{k'k})$$

$$=\frac{4\pi^2e^2}{3\hbar^2}|r_{k'k}|^2\rho(\omega_{k'k})$$

（3）电偶极辐射跃迁的选择定则。

设

原子初态：$|k>=|nlm>$，宇称 $\Pi=(-)^l$

原子末态：$|k'>=|n'l'm'>$，宇称 $\Pi'=(-)^{l'}$

电偶极辐射跃迁的选择定则为

宇称，改变

$$\Delta l=\pm1;$$

$$\Delta j=0,\ \pm1;$$

$$\Delta m_i=0,\ \pm1.$$

2. 自发辐射的 Einstein 理论

（1）吸收系数和受激辐射系数。

在强度为 $\rho(\omega)$ 的辐射的照射下，原子从 k 态到 k′态的跃迁速率为（设 $E_{k'}>E_k$）

$$w_{k'k}=B_{k'k}\rho\ (\omega_{k'k})$$

其中

$$B_{k'k}=\frac{4\pi^2e^2}{3\hbar^2}|r_{kk'}|^2$$

$B_{k'k}$称为吸收系数。与此类似，对于从 k′态→k 态的受激辐射，跃迁速率为

$$w_{kk'}=B_{kk'}\rho\ (\omega_{k'k})$$

其中

$$B_{kk'}=\frac{4\pi^2e^2}{3\hbar^2}|r_{kk'}|^2$$

$B_{kk'}$称为受激辐射系数。即受激辐射系数等于吸收系数。它们都与入射光的强度无关。

（2）自发辐射系数。

自发辐射系数公式如下：

$$A_{k'k}=\frac{4e^2\omega_{k'k}^3}{3\hbar c^3}|r_{kk'}|^2$$

自发辐射的选择定则，与受激辐射和吸收完全相同。